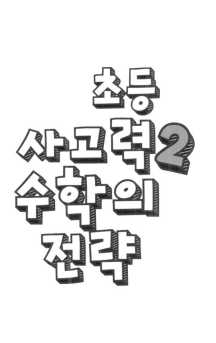

문제를 어려워하는 학생들에게 질문을 많이 합니다.

"뭘 모르겠니?"

문제를 해결하지 못하고 고민만 하고 있는 학생의 경우 한결같은 대답이 돌아옵니다.

"하나도 모르겠어요."

실제로 학생이 하나도 몰라서 대답을 그렇게 하는 것은 아닙니다. 질문을 세분화하여 무엇을 구하는 문제인지, 조건은 무엇인지 다시 물어 보면 곧잘 대답을 하는 경우가 있습니다. 이때 하나도 모르겠다는 표현은 문제를 정확히 읽고도 한 발짝도 앞으로 나가지 못하겠다는 말입니다.

수학 문제 해결에는 몇 가지 알고리즘이 있습니다. 컴퓨터의 시대를 넘어 로봇의 시대로 넘어가는 현재 우리에게 익숙한 말인 알고리즘은 어떤 문제 해결을 위한 절차와 방법을 말합니다. 알고리즘이 곧 수학 학습에서는 문제 해결 전략입니다. 교과서 수준의 수학 공부는 개념과 원리를 중심으로 하기 때문에 문제 해결 전략이 크게 필요치 않지만 사고력 수학, 심화 수학 등은 문제 해결 전략의 고찰이 많은 도움이 됩니다.

문제 해결을 위해 한 발짝을 나갈 수 없는 학생도 다양한 문제 해결 전략을 알고 있다면 조건에 알맞게 그림을 그려 보거나 수를 하나 하나 따져 보거나 하면서 행간에 숨어 있는 수학적 관계를 찾을 수 있습니다. 문제 해결 전략에 대한 공부는 공식을 배우고 그 공식을 반복 연습해서 습득하도록 하는 공부와는 대비되는, 처음 보는 문제를 스스로 탐구하여 해결할 수 있도록 하는 공부입니다.

문장제 문제를 어려워 할 경우 독서를 많이 해야한다는 말을 종종 듣게 됩니다. 글로 주어진 문제를 어려워 하는 학생들이 많고, 실제로 글읽기가 부족해서 무슨 말인지 이해하지 못하는 학생도 있습니다. 하지만 일반적인 독서가 수학 문제 해결에 미치는 영향은 지극히 작은 부분입니다. 수학적인 조건은 수학으로 해결되어야 합니다. 다양한 유형 학습이 답입니다.

이 책 시리즈의 1권 『초등 사고력1 수학의 원리』가 개념과 원리를 깊이 있게 알아보는 것이 목적이라면 2권 『초등 사고력2 수학의 전략』은 몇 가지 문제 해결 방법과 초등 수학 심화 주제의 구체적인 해결 전략을 알아보는 것이 목적입니다.

부디 이 책이 어렵게만 느껴지기 보다 수학을 더 흥미있게 생각하는데 도움이 되길 바랍니다. 어려운 부분은 차례의 QR코드를 통해 동영상 강의를 찾아보면 도움이 될 것입니다.

차례

먼저 읽고 동영상 강의를
시청해 보세요.

1장. 문제 해결 과정에 대한 생각

2장. 생각하고 발견하는 수학

3장. 공식이 없는 정말 어려운 문제

01

문제 해결 과정에
대한 생각

영혼 속에서 시를 노래하지 않고서는 위대한 수학자
가 될 수 없다.

It's impossible to be a mathematician without
being a poet in soul.

- 소피아 코발레프스카야

01

다양한 문제 해결 방법

 수학 문제를 해결하는 방법은 아주 다양해. '표 만들어 해결하기', '그림 그려 해결하기', '규칙 찾아 해결하기', '식으로 풀어 해결하기', '예상하여 해결하기'······.

그 가운데 학생들이 가장 좋아하는 방법은 '표 만들어 해결하기'나 '예상하여 해결하기'가 아닐까 싶은데······.

아, '표 만들어 해결하기'가 꼭 표를 그려야 한다는 말은 아니야. 하나씩 차례차례 모두 적어 보는 것도 포함하는 말이지.

'예상하여 해결하기'란 너희들 표현으로는 찍어서 풀었다고 하는 방법이야.

다음 문제를 한번 풀어 볼까?

마당에 강아지와 닭이 모두 12마리 있습니다. 강아지와 닭의 다리를 세어 보니 모두 40개입니다. 마당에는 강아지와 닭이 각각 몇 마리씩 있습니까?

표 만들어 해결하기

 제가 표를 만들어서 해결해 볼게요.

강아지의 수	1	2	3	4	5	6	7	8
닭의 수	11	10	9	8	7	6	5	4
다리의 수	26	28	30	32	34	36	38	40

표를 살펴보니 다리의 수가 모두 40개인 것은 강아지가 8마리, 닭이 4마리라는 것을 알 수 있네요.

예상하여 해결하기

 예상해서 해결할 때 가장 많이 사용하는 방법은 가운데 값으로 예상해 보는 거야.

강아지도 6마리, 닭도 6마리라고 생각하면
다리는 $4 \times 6 + 2 \times 6 = 36$(개)가 되지.

그런데 문제에서는 다리가 40개라고 했으니 다리의 수가 더 많은 강아지를 1마리씩 늘려 보면서 다리가 40개일 때를 찾으면 되는 거란다.

다른 방법이 전혀 떠오르지 않는다면 문제의 조건을 이용하여 하나씩 써 가며 답을 찾는 것도 좋은 방법이겠지. 하지만 표를 만들어 해결하거나 예상하여 해결하는 것은 가장 원시적인 방법이야. 시간이 오래 걸릴 수도 있고 엉뚱한 답이 나올 수도 있어.

규칙 찾아 해결하기

아빠가 강조하고 싶은 것은 하나씩 적어서 답을 찾아볼 때에는 반드시 규칙을 함께 살피라는 거야. 그리고 학년이 올라갈수록 좀더 좋은 방법을 찾도록 해야 해. 그래야 발전이 있지.

처음 문제를 푸는 과정에서 표를 그려서 해결했다 하더라도 나중에 검토하면서 규칙이 있는데 찾아내지 못한 것은 아닌지 살펴야 하는 거야.

표를 보자.

강아지의 수	1	2	3	...	8
닭의 수	11	10	9	...	4
다리의 수	26	28	30	...	40

표를 그려서 강아지의 수를 1마리씩 늘리고 닭의 수를 줄여갈 때 다리 수의 변화가 일정하게 +2가 된다는 것을 관찰했다면 표를 계속 그릴 필요는 없겠지? 다리의 수가 30개일 때 강아지가 3마리이니 다리가 2씩 다섯 번 커져야 하면 강아지의 수도 5마리가 늘어서 8마리라는 것을 알 수 있지.

앞으로는 표를 그리더라도 규칙을 찾도록 노력해 보자.

그림 그려 해결하기

표를 만들어 해결하는 방법 외에 조건에 맞게 그림을 직접 그려 봐도 돼. 자, 그럼 이런 문제를 해결하는 방법을 단계적으로 살펴보자.

모두 12마리라고 했으니 12마리의 몸통을 그리고

닭과 강아지라고 했으니 일단 모두 닭이라고 생각하고 다리를 2개씩 그려 보는 거야.

그림을 그렸더니 다리가 24개가 되었어. 이제는 닭을 강아지로 한 마리씩 바꾸면서 답을 찾아볼까?

처음에는 닭 12마리이니까 다리가 24개. 닭 1마리를 강아지로 바꾸니 다리가 2개 더 늘어나 26개, 다시 또 1마리를 강아지로 바꾸었더니 다리가 2개 더 늘어나 28개……. 이렇게 하나씩 총 8마리의 닭을 강아지로 바꾸었더니 다리가 40개가 되네. 그러니까 다리의 개수가 40개일 때는 닭이 4마리, 강아지가 8마리일 때인 거야.

 쉽긴 하지만 좀 번거로운 방법 같아요.

물론이야. 하지만 이런 과정을 통해 어떤 문제의 규칙을 알아낼 수 있어. 이를테면 규칙을 찾는 기본적인 방법을 익히는 과정이라고 할까?

가정하여 해결하기

 문제를 많이 풀다 보면 이런 문제에는 일정하게 커지는 규칙이 있을 것이라는 걸 한눈에 알 수 있어. 그럼 해결 방법도 자연스럽게 바뀌지.

12마리 모두 닭이라고 가정하면 다리가 모두 24개가 있어야 하는데 조건은 다리가 40개이니 16개의 다리가 부족하지? 그런데 닭 1마리를 강아지 1마리로 바꾸어 주면 다리는 2개씩 늘어나니까 닭을 강아지로 8마리 바꾸어 주면 되는 거야.(16÷2=8)

 어때? 문제 해결 방법 자체가 사고의 발전 과정을 보여 주는 것 같지 않니?

 네, '표 만들어 해결하기'나 '그림 그려 해결하기' 같은 방법을 귀찮다고만 할 일이 아니네요. 그런 방법을 기본으로 해서 여러 가지를 알아갈 수 있어요.

02

규칙 찾아 해결하기

 '규칙 찾아 해결하기'라고 하면 보통 수나 도형을 나열해 놓고 빈칸에 알맞은 수나 도형을 채워 넣는 문제를 떠올리게 되지? 이번에 살펴볼 '규칙 찾아 해결하기'는 "규칙 있소" 하고 보여 주는 문제 말고 일반적인 문제에서 규칙을 발견해서 해결할 수 있는 경우를 살펴볼 거야.

　수학 문제를 해결하기 위해서는 문제를 낸 의도에 대해서 생각해 보는 습관을 가져야 해. 문제의 의도를 파악하는 힘을 기르기 위해서는 여러 가지 문제 해결 전략을 잘 알아야 하고, 답을 맞추었더라도 과정이 복잡했다면 다시 의심해 봐야 해. 더 좋은 방법이 있거나 문제를 낸 사람이 찾아내기를 바란 수학 원리가 그 속

에 숨어 있을지도 모르거든. 이런 원리들은 문제를 간단하게 해결할 수 있게 만들기도 해.

규칙을 이용하라는 의도가 숨어 있는 문제

 다음 문제를 먼저 보자.

> 7을 15개 곱했을 때 일의 자리 숫자는 무엇입니까?
>
> 7=7
> 7 x 7=49
> 7 x 7 x 7=343
> 7 x 7 x 7 x 7=2401

 7을 15개 곱하려면 오래 걸리겠어요. 좀더 간단한 방법이 있을 것 같은데…….

 제법인걸! 바로 그거야. 의심하는 것. 문제를 보고 생각나는 대로 계산하는 것이 아니고 문제를 낸 의도를 생각해 보는 거야. 곱했을 때 숫자를 물어본다고 해서 7을 15개 곱하고 있으면 안 돼. 복잡한 계산의 답을 일일이 구하는 것은 진정한 수학이 아니거든. 우리가 아주 힘들게 계산해야 답이 나오는 문제는 거의 나오지 않아.

 그럼 무엇을 찾으라는 문제일까요?

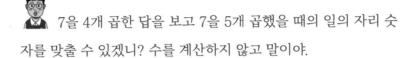

7을 4개 곱한 답을 보고 7을 5개 곱했을 때의 일의 자리 숫자를 맞출 수 있겠니? 수를 계산하지 않고 말이야.

2401에 7을 직접 곱하지 않고 맞추라고요? 아하! 7이에요. 전체를 곱해 보지 않아도 2401에서 일의 자리 숫자 1과 7을 곱하면 답을 알 수 있어요. 그렇다면 7을 15개 곱했을 때 일의 자리 숫자를 구하는 것도 어렵지 않겠네요.

일의 자리 숫자에만 7을 곱하면서 처음부터 차례로 적어 보면
7, 9, 3, 1, 7, 9, 3, 1, 7, 9, 3, 1, 7, 9, 3
답은 3이에요.

 잘했어. 하지만 조금 아쉬운데?

잘했는데 왜 아쉽다는 말씀이죠? 계산도 생각보다 간단했잖아요. 아, 다시 보니 7, 9, 3, 1이 반복되네요. 그걸 발견했다면 4개의 숫자가 반복되니까 15번 곱하는 걸 4로 나누어서 좀더 간단

히 답을 찾을 수 있었겠네요. 15÷4＝3…3이니까 일의 자리 수가 4개씩 3번 반복되고 3개가 더 나오네요. 그러니까 7, 9, 3, 1 중 세 번째 숫자인 3이 답이에요.

어떤 숫자이든 같은 숫자를 반복해서 곱하면 일의 자리 숫자가 일정하게 반복되는 규칙이 나온단다. 수학 문제를 많이 다루어 보면 규칙이 있는 문제를 배우게 돼. 그런 문제는 규칙을 활용해서 해결하는 것이 좋은 풀이 방법이야. 하지만 규칙에 대해 잘 몰랐었더라도 하나씩 계산하면서 규칙이 있을지도 모른다고 예상해 보는 것이 수학을 공부하는 좋은 습관이란다. 규칙을 발견하는 순간 풀이 과정이 간단해지거든.

규칙 활용하기

규칙을 활용하는 것과 활용하지 않는 것의 차이를 문제를 통해 살펴보자. 똑같이 답을 찾더라도 누군가는 오래 걸릴 것이고, 누군가는 빠르게 찾을 수 있을 거야.

다음과 같은 규칙으로 삼각형을 그릴 때 다섯 번째 모양에서 선을 따라 그릴 수 있는 삼각형은 모두 몇 개입니까?

첫 번째   두 번째   세 번째   네 번째

그림을 그려서 분류한 뒤 풀면 되잖아요. 1층짜리 삼각형, 2층짜리 삼각형, 3층짜리 삼각형, 4층짜리 삼각형, 5층짜리 삼각형 이렇게 분류해서 풀 수 있어요.

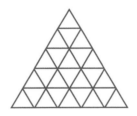

1층짜리는 1+3+5+7+9=25개

2층짜리는 1+2+3+4+1+2=13개(1+2는 뒤집어진 것)

3층짜리는 1+2+3=6개

4층짜리는 1+2=3개

5층짜리는 1개

모두 더하면 48개예요.

좋았어. 아빠도 한번 풀어 볼게. 아빠는 첫 번째, 두 번째, 세 번째, 네 번째 그림에서 위가 뾰족한 삼각형이 커질수록 1개씩 늘어난다는 규칙을 이용하려고 해. 그러기 위해서 위가 뾰족한 삼각형과 뒤집어진 삼각형을 따로 세어 보았어. 그렇게 세고 보니 뒤집어진 삼각형에도 비슷한 규칙이 있었어. 우선 함께 세어 보자.

먼저 위가 뾰족한 삼각형은

1층짜리는 1+2+3+4+5=15개
2층짜리는 1+2+3+4=10개
3층짜리는 1+2+3=6개
4층짜리는 1+2=3개
5층짜리는 1개

뒤집어진 삼각형은

1층짜리는 1+2+3+4=10개
2층짜리는 1+2=3개

모두 더하면 똑같이 48개야. 아빠는 첫 번째, 두 번째, 세 번째, 네 번째 그림에서 삼각형의 개수가 늘어나는 규칙을 살펴보았고, 식과 같은 규칙이 있는 것을 찾아서 풀었거든. 그래서 다섯 번째 그림은 그려 보지 않았어. 다만 뒤집어진 삼각형의 2층짜리는 규칙이 정확하게 파악되지 않아서 네 번째 그림을 참고했어.

저는 그림에 나와 있는 삼각형의 개수를 세어서 식으로 나타냈는데 아빠는 실제로 그 개수를 세지 않고도 식을 적으면서 답을 구하고 그림으로 확인했다는 거네요. 규칙을 발견하면 빠르게 풀 수 있고 실수도 줄어들겠어요.

중학교, 고등학교 수학은 규칙 자체를 물어보는 문제가 많지 않아. 초등학교만 규칙을 하나의 영역으로 정해 놓고 많은 양을 배운단다. 중학교, 고등학교 수학에는 규칙이 없기 때문이 아니야. 오히려 그 반대지. 수학은 모든 것이 규칙으로 이루어져 있고, 새로 배우는 개념과 원리도 사실은 새로운 규칙을 배우는 것이나 다름 없어. 규칙은 수학에서 아주 중요한 부분이고, 문제를 해결하는 방법 중 하나이기도 해.

단순화하여 해결하기

 '단순화하여 해결하기'는 바로 앞에서 살펴본 '규칙 찾아 해결하기'와 밀접한 연관이 있어. 문제를 있는 그대로 보면 규칙이 보이지 않고, 조건을 단순화하면 규칙을 찾을 수 있는 경우가 많이 있거든.

 아이쿠, 점점 더 복잡해지는 느낌인데요?

단순화하여 특별한 규칙 찾기

 찬찬히 살펴보면 그렇지 않을 거야. 다음 문제는 약수에 대한 문제야. 원리와 방법을 알고 나면 간단한 계산 문제일 뿐이지.

같이 탐구해 보자.

100보다 크고 200보다 작은 수 중에서 약수의 개수가 홀수 개인 수를 모두 구하시오.

약수의 개수를 하나씩 찾아볼 수도 없고, 더군다나 세 자리 수이기 때문에 수 하나의 약수를 구하는 것도 만만치 않은데요.

이럴 때 필요한 것이 단순화하여 규칙을 찾아 해결하는 방법이야. 조건은 두 가지이지. 100보다 크고 200보다 작은 수, 약수의 개수가 홀수인 수.

일단 약수의 개수가 홀수 개인 수가 어떤 수인지 우리는 모른다고 하자. 그러면 하나씩 찾아봐야지 뭐. 다만 단순화해서 찾자.

1 : 약수 1 - 1개 (웁, 벌써 약수의 개수가 홀수인 수 하나 나왔다.)

2 : 약수 1, 2 - 2개

3 : 약수 1, 3 - 2개

4 : 약수 1, 2, 4 - 3개 (오호! 또 한 개)

5 : 약수 1, 5 - 2개

6 : 약수 1, 2, 3, 6 - 4개

7 : 약수 1, 7 - 2개

8 : 약수 1, 2, 4, 8 - 4개

9 : 약수 1, 3, 9 - 3개 (3개째, 아자!!)

10 : 약수 1, 2, 5, 10 - 4개

자, 단순화해 봤고 이제 규칙을 찾아야지. 규칙이 보이니?

 1, 4, 9……. 같은 수 2개를 곱한 수인가? 점검해 볼게요.

16 : 1, 2, 4, 8, 16 - 5개

25 : 1, 5, 25 - 3개

맞는 것 같아요.

 그래, 그럼 100보다 크고 200보다 작은 수 중에서는 그런 수가 몇 개 있을까?

 같은 수 2개를 곱한 수라면 10 × 10 = 100이고, 14 × 14 = 196이니 11, 12, 13, 14를 두 개씩 곱한 수인 121, 144, 169, 196이 있겠네요.

 그렇지. 이게 바로 '단순화하여 해결하기'와 '규칙 찾아 해결하기'의 좋은 예란다. 같은 수 2개를 곱한 수의 약수 개수가 홀수 개인 이유는 어떤 수를 약수들의 곱으로 표현해 보면 알 수 있단다.

1 = 1×1 (약수 1)
2 = 1×2 (약수 1, 2)
3 = 1×3 (약수 1, 3)
4 = 1×4, 2×2 (약수 1, 2, 4)
5 = 1×5 (약수 1, 5)
6 = 1×6, 2×3 (약수 1, 2, 3, 6)
7 = 1×7 (약수 1, 7)
8 = 1×8, 2×4 (약수 1, 2, 4, 8)
9 = 1×9, 3×3 (약수 1, 3, 9)
10 = 1×10, 2×5 (약수 1, 2, 5, 10)

위 식에서 각각 수의 약수를 정리하면 어떤 규칙이 보여야 하는데……

알겠어요. 곱셈식으로 약수를 찾았을 때 서로 다른 수를 곱하면 약수가 2개씩 나오는데 1 × 1, 2 × 2, 3 × 3과 같이 같은 수 2개를 곱한 경우에는 약수가 1개만 추가돼요.

28

그래, 잘 찾았다. 예전에 이런 원리를 배운 적이 있거나 미리 푸는 법을 배우고 문제를 해결했다면 곱셈 연습을 하는 문제에서 크게 벗어나지 않았을 거야. 지금 알아본 것과 같이 스스로 해결하는 방법을 찾는다면 진정한 수학 실력을 쌓을 수 있단다.

조건을 하나씩 늘려서 규칙 찾기

약수 문제는 특별한 규칙이나 원리를 찾아보는 것이었어. 이번에는 조건을 하나씩 늘렸을 때의 변화를 살펴보는 문제에 대해서도 알아보자.

> 선과 선이 만나서 생기는 교점의 개수가 가장 많아지도록 직선 6개를 그렸을 때 교점의 개수를 구하시오.

그림을 그려서 해결하는 문제 아닌가요? 그려 보면 될 것 같은데…….

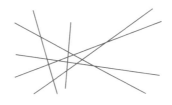

우와, 이걸 어떻게 세죠? 더군다나 선을 많이 그리다 보니 이 그림이 교점이 가장 많을 때라는 보장도 없어요. 실수를 하진 않았겠죠?

그러니까 다른 풀이 방법을 연구해 봐야지. 자, 아빠의 그림을 보렴.

선이 2개일 때 교점이 1개, 선이 3개일 때 교점이 3개, 선이 4개일 때 교점이 6개야.

선이 1개 늘어날 때마다 교점은 앞선 경우의 교점이 늘어난 수에 1개씩 더 더한 만큼 늘어나네요. 규칙 찾아 해결하기에서 삼각형의 개수를 셀 때처럼 덧셈식으로 나타낼 수 있겠어요.

선이 1개면 0
선이 2개면 1
선이 3개면 1+2

선이 4개면 1+2+3

선이 5개면 1+2+3+4

이와 같이 하면 선이 6개면 $1+2+3+4+5$로 15개의 교점이 생긴다는 말이죠. 규칙을 알고 나니 참 쉬운 문제가 되어 버렸어요. 그런데 처음 만난 문제라면 이런 규칙이 있다는 것을 어떻게 알죠?

그게 바로 우리가 문제를 해결하는 방법을 공부하는 이유야. 규칙이 있다는 생각을 못한다고 해도 6개의 선을 그려서 문제를 풀기 힘들다면 규칙이 있을지도 모른다고 예상해 볼 수 있고, 문제를 단순화해서 6개가 아니라 1개, 2개, 3개, 4개일 때를 따져 보는 거지.

단순화하여 생각해서 문제를 해결하는 간단한 예를 더 들어 줄게. 친구와 사탕의 개수가 같았는데 절반을 친구에게 주었더니 친구의 사탕이 27개가 되었어. 이때 내가 가지고 있는 사탕을 구하라고 하는 문제가 있어. 이 문제도 풀이 방법은 다양해. 그림을 그려 볼 수도 있고, 거꾸로 생각해 볼 수도 있고. 아빠는 단순화하여 풀기도 한단다.

내가 1개 있었다면 절반을 줄 수 없으니까 2개, 2개 있었다고 하면 나는 1개, 친구는 3개가 될 거야. '음, 친구가 나의 3배가 되는 건가?' 라고 예상해 보고 수를 바꾸어 봐. 이번에는 4개, 4개라면 나는 2개, 친구는 6개가 돼. 이제 확신할 수 있어. 내가 가진 사탕의 개수는 친구 사탕의 $\frac{1}{3}$이 되는 거야.

그렇네요. 수를 간단하게 만들어서 관계를 살펴본다는 거죠? 이해는 가는데 쉽진 않네요.

수학 문제를 풀다 보면 둘의 관계를 식으로 쓰라는 문제가 나오거든. 그런 문제가 이와 같은 생각을 할 수 있도록 하는 문제지.

04

거꾸로 풀어 해결하기

   '거꾸로 풀어 해결하기'의 기본은 덧셈을 거꾸로 풀면 뺄셈이 되고, 곱셈을 거꾸로 풀면 나눗셈이 된다는 사실을 알고 이를 활용하는 거야.

  더 나아가 『초등 사고력 수학의 원리』 편에서 살펴봤던 님 게임에서 이기는 방법이나 바둑돌 가져가기 게임에서 마지막에 남는 바둑돌을 생각해서 처음에 두는 방법을 찾아내는 것 등이 거꾸로 풀어 해결하기 방법이야. 두 가지로 나누어 생각해 보자.

거꾸로 풀어 해결하기 - 사칙연산

  먼저 다음 문제를 풀어 볼까?

수현이는 학년이 올라가면서 친했던 친구들과 헤어지는 것이 아쉬워 같은 모둠의 친구들 6명에게 선물을 하려고 합니다. 한 주머니에 연필 4자루, 공책 2권을 담아 6개의 주머니를 포장하는 데 모두 16200원이 들었습니다. 주머니 포장비가 300원, 공책 1권의 가격이 500원이라면 연필 1자루의 가격은 얼마일까요?

거꾸로 계산하면 돼요. 모두 16200원 들었다고 했고 친구가 6명이니까 1명의 선물을 사는 데 든 돈은 $16200 \div 6 = 2700$원이에요. 여기에서 포장지의 가격을 빼면 $2700 - 300 = 2400$원이고 다시 공책 2권의 가격을 빼면 $2400 - 500 \times 2 = 1400$원이에요. 이것이 연필 4자루의 가격이니까 연필 1자루의 가격은 $1400 \div 4 = 350$, 350원이네요.

굳이 식을 세울 필요도 없이 '거꾸로 풀어 해결하기'로 답을 구할 수 있지? 다른 문제를 하나 더 살펴볼까?

주용이가 가지고 있던 사탕의 $\frac{2}{3}$를 철기에게 주고, 나머지 사탕의 $\frac{3}{4}$을 종훈이에게 주었더니 2개의 사탕이 남았습니다. 주용이가 처음에 가지고 있던 사탕은 몇 개입니까?

이 문제는 분수의 계산을 이용해서 계산할 수도 있어.

$\frac{2}{3}$ 를 주고 남은 것은 $\frac{1}{3}$ 인데 그것의 $\frac{3}{4}$ 을 주었으니 남은 것은 $\frac{1}{3}$ 의 $\frac{1}{4}$, 즉 $\frac{1}{12}$ 이 되네. 이것이 2개라고 했으니까 전체는 24개야.

답은 구했지만 복잡하지?

전체를 그림으로 나타낼 수도 있어.

가장 작은 1칸이 2개, 종훈이에게 준 것은 6개, 철기에게 준 것은 16개, 따라서 전체는 24개. 그림으로 표현한 후 거꾸로 풀어 해결하는 것이지.

조건에 대한 이해가 잘 되어 있으면 바로 거꾸로 풀어 해결할 수도 있지.

종훈이에게 $\frac{3}{4}$ 을 주고 2개가 남았으니 종훈이에게 주기 전에는 2의 4배인 8개, 철기에게 $\frac{2}{3}$ 를 주고 8개가 남았으니 철기에게 주기 전에는 8의 3배인 24개가 있었다는 거야.

거꾸로 풀어 해결하기 - 논리

 이번에는 게임 형식 문제를 풀어 볼까?

두 사람이 번갈아가며 선을 연결합니다. 출발점에서 선을 그리기 시작하고, 도착점에 닿는 선을 그리는 사람이 게임에서 이깁니다. 선은 길이에 관계없이 점과 점을 이어서 오른쪽으로는 가로선, 아래로는 세로선만 그릴 수 있습니다.

게임에서 반드시 이기는 방법을 설명해 보세요.

 님 게임과 비슷해요.

 그래, 이 문제의 해결 방법에는 님 게임과 같은 원리가 숨어 있어. 거꾸로 풀어 해결해야 하거든. 마지막에 이기기 위해 그릴 수 있는 선은 다음과 같아.

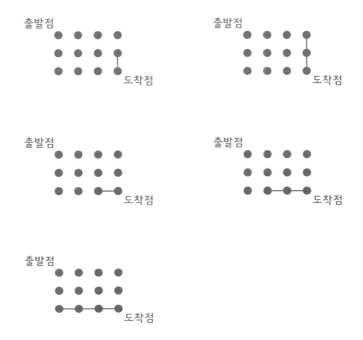

　그럼 상대방이 이렇게 그리지 못하게 내가 차지해야 하는 점을 찾아야겠지?

　먼저 이기게 되는 선을 보면 내가 가지 말아야 할 점이 있어. 그 점을 X표 하고, 상대방이 마지막에 이기는 선을 그릴 수 없도록 하기 위해서 내가 그린 선이 도착하면 안되는 점이 있어. 그 점에도 X표를 하는 거야. 내가 그린 선이 어떤 점에 도착하면 상대가 X표 한 점에 선을 그릴 수 밖에 없어.

찾았어요. 아래 점을 차지하면 상대방이 내가 이기게 되는 선을 그릴 수 밖에 없어요.

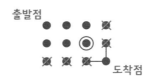

님 게임처럼 도착점에 도달하면 이기는 게임으로 생각해서 위와 마찬가지로 생각해 볼 수 있네요.

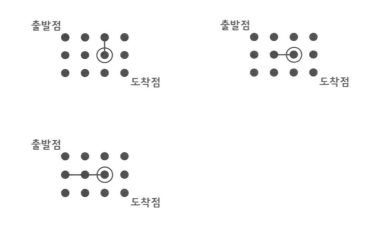

역시 가지 말아야 할 점을 표시하고 나면 차지해야 하는 점을 하나 더 찾을 수 있어요.

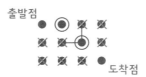

먼저 게임을 시작하는 사람이 출발점 오른쪽에 있는 점을 차지
하면 이기게 되네요. 님 게임과 같은 종류는 거꾸로 하나씩 따져
봐야 답을 찾을 수 있겠어요.

05

식을 세워 해결하기

 '표 그려 해결하기', '규칙 찾아 해결하기', '그림 그려 해결하기', '거꾸로 해결하기'로 풀 수 있는 대부분의 문제들은 식을 세워서 해결할 수 있어. 중학교 수학에서 방정식을 배우고 나면 대부분의 문제를 식을 세워서 해결하게 될 거야.

그럼 그냥 식을 세워 해결하면 될 걸 왜 다른 방법으로 푸는 법을 배워야 할까?

조건을 해석하는 실력을 키우기 위해서야. 조건을 해석하는 실력이 없으면 막상 문제를 읽고도 어떻게 식을 세워야 할지 모르거나 식을 너무 복잡하게 세울 수도 있어.

하지만 문제에 드러나 있지 않은 조건 사이의 관계를 볼 수 있다면 식을 최대한 간결하게 세울 수 있고, 결국은 어려운 문제도 해결할 수 있지.

어쨌든 식을 세워서 해결하는 것이 가장 기본적인 방법인 것은 분명해. 초등학교 수학 문제도 식이 필요한 문제가 있고, 식을 세우는 기본적인 방법은 분명히 배우고 있단다.

그럼 이제 식을 세워 해결하는 방법에 대해 살펴볼까?

등식의 성질과 양팔저울

 혹시 '=' 이 기호의 이름이 뭔지 아니?

 '는' 아니에요?

 하하. '는'은 읽는 방법이고, '='의 이름은 '등호'란다. 같음을 나타내는 기호야. '='가 들어가는 식을 '등식'이라고 하고. 문제를 해결하기 위해 세우는 식은 대부분 등식이야. 등식의 성질을 기본적으로 알고 있어야 자신이 세운 식을 잘 풀 수 있어. 등식의 성질은 다음과 같이 네 가지야. 양팔 저울의 원리와 같다고 보면 돼.

등식의 성질

1. 등식의 양쪽에 같은 수를 더하여도 등식은 성립합니다.

2. 등식의 양쪽에 같은 수를 빼도 등식은 성립합니다.

3. 등식의 양쪽에 같은 수를 곱하여도 등식은 성립합니다.

4. 등식의 양쪽에 0이 아닌 같은 수를 나누어도 등식은 성립합니다.

왜 나눗셈에 관한 성질에만 '0이 아닌'이라는 조건이 붙었을까?

 0은 나눌 수 없는 수라고 배웠어요.

그래, 나눗셈에서 ㉠÷㉡의 몫은 ㉠에서 ㉡을 몇 번 뺄 수 있는 지를 나타내. "어떤 수에서 0을 거듭해서 몇 번 뺄 수 있는가?"라는 질문은 참 의미 없는 말이지. 그래서 잘못된 질문이라고 보고 0은 나눌 수 없는 수로 하기로 했단다. 이것은 수학을 공부하면서 계속 이용하게 되는 매우 중요한 개념이야.

등식이 양팔 저울과 같은 성질을 가진다고 했지? 그게 무슨 뜻인지 살펴보자. 여기에서 양팔 저울이란 수평을 이룬 상태의 양팔 저울을 말해.

양팔 저울의 두 접시에 서로 다르게 생긴 물건을 올려놓았는데 수평을 이룬다면 두 물건의 무게가 같음을 알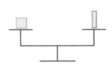
수 있지. 등식도 양변에 다른 모양의 식이 있어
도 등호가 가운데 있다면 두 식의 값이 같다는
뜻이야.

　이렇게 수평을 이룬 양팔 저울에 똑같은 물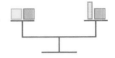
건을 각각 올리면 어떻게 될까?

　여전히 수평을 이루겠죠.

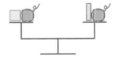

　그게 바로 등식의 성질 1이란다. 필요에 따라서 등식의 양
쪽에 같은 것을 더할 수 있다는 것을 뜻하지.

　그럼 수평을 이룬 양팔 저울에서 같은 것을
빼 버리면 어떻게 될까?

　마찬가지로 수평을 이루게 되겠죠.

　맞아. 더하거나 빼는 것과 마찬가지로 양팔 저울에 똑같은
수를 곱하거나 나누어도 수평을 이룬단다. 등식도 마찬가지로 양
쪽에 같은 수를 곱하거나 나누어도 양쪽이 같다는 관계는 유지 돼.

식을 세워 문제를 해결할 때 필요에 따라 양쪽에 같은 수를 더하거나 빼거나 곱하거나 나눌 수 있다는 뜻이지. 그게 등식의 성질이야.

식 세워 해결하기

 그럼 이제 식을 세워 문제를 해결해 보자.

> 두 수가 있습니다. 둘 중 큰 수는 작은 수의 4배이고, 두 수의 합은 45입니다. 작은 수를 구하시오.

 식을 세워서 구하는 것이 좋겠어요. 작은 수를 구하라고 했으니까.

작은 수 = □, 큰 수 = □×4
두 수의 합이 45이므로
□×4＋□＝45
□×5＝45
□＝9

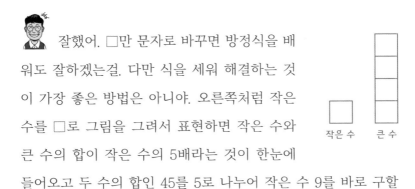

작은 수   큰 수

잘했어. □만 문자로 바꾸면 방정식을 배워도 잘하겠는걸. 다만 식을 세워 해결하는 것이 가장 좋은 방법은 아니야. 오른쪽처럼 작은 수를 □로 그림을 그려서 표현하면 작은 수와 큰 수의 합이 작은 수의 5배라는 것이 한눈에 들어오고 두 수의 합인 45를 5로 나누어 작은 수 9를 바로 구할 수 있었겠지.

이렇게 그림으로 표현하면 문장에서 보이지 않는 조건의 관계가 눈으로 보일 때가 있어.

문장제 문제가 어렵지? 식을 잘 세우는 것만으로도 대부분의 문제를 해결할 수 있기 때문에 식을 세워서 해결하는 방정식을 배우면 수학이 더 쉬워질 것 같지만 중학생이 되면 수학을 더 어려워하는 경우가 많아. 그 이유가 무엇일까? 바로 방정식을 푸는 것이 어려운 것이 아니라 조건을 파악하여 그에 맞게 식을 세우기가 어렵기 때문이야.

규칙을 찾아서 푸는 방법, 그림을 그려서 푸는 방법, 표를 그려서 푸는 방법 등은 초등학생만 쓰는 방법이 아니야. 이런 다양한 방법을 통해서 문제에 숨어 있는 규칙을 찾고 조건을 파악하는 능력을 키울 수 있단다.

무엇을 □로 하는 것이 좋은가?

 문제의 질문이 다음과 같았는데 같은 방법으로 해결한다면 어떨까?

> 두 수가 있습니다. 둘 중 큰 수는 작은 수의 4배이고 두 수 의 합은 45입니다. 큰 수를 구하시오.

 큰 수를 구하라고 했으니 큰 수를 □라고 하면

큰 수 = □, 작은 수 = □ $\times \frac{1}{4}$

두 수의 합이 45이므로

$□ + □ \times \frac{1}{4} = 45$

$□ \times \frac{5}{4} = 45$

$□ = 36$

 사실 앞에 나왔던 것과 같은 문제이고 마지막 질문만 달라 졌는데 식이 더 복잡해졌네. 아까와 같은 그림을 그렸다면 작은 수인 9를 먼저 구하고, 큰 수는 작은 수의 4배라는 것을 이용해서 36을 구했을 텐데 말이야. 그림을 그려서 풀지 않더라도 한 가지 생각해야 할 것은 무엇을 □로 할 것인지에 따라 식이 복잡해지기도 하고 간단해지기도 한다는 거야. 큰 수를 구하라고 했지만 작은 수를 분수를 사용하여 $\square \times \dfrac{1}{4}$ 로 해야 한다면 작은 수를 □로 정해서 먼저 구하는 센스를 길러야 해. 보통은 같은 조건이라면 모르는 것들 중 작은 것을 □로 하는 것이 식이 간단해진다는 사실도 알아두렴.

여러 가지 구하기

 펜토미노 알지?

 네, 정사각형 5개를 붙여서 만들 수 있는 모양이죠.

 혹시, 펜토미노를 모두 그려 볼 수 있니?

 모두 12개인 건 기억나는데 빠뜨리지 않고 그릴 자신은 없어요. 그걸 어떻게 다 기억해요.

펜토미노를 찾는 두 가지 방법

펜토미노를 모두 기억하라는 게 아니야. 하나씩 그려 보면 되지. 펜토미노를 분류해서 하나씩 그려 보는 거야. 펜토미노를 분류하는 방법은? 나란히 가장 많이 붙어 있는 개수부터 차례로 분류하는 게 좋아.

5개가 나란히 붙은 모양

4개가 나란히 붙은 모양

3개가 나란히 붙은 모양

2개가 나란히 붙은 모양

49

어때? 이렇게 많이 붙어 있는 개수부터 차례로 분류해서 그려 보면 굳이 기억할 필요가 없겠지? 3개가 나란히 붙어 있는 모양 은 먼저 그 위에 2개가 세워져 붙어 있는 모양을 찾고, 그 다음에 는 한쪽 면에 2개가 각각 다른 자리에 붙는 모양을 찾은 뒤 마지 막으로 위아래 두 면에 1개씩 붙는 모양을 찾으면 돼.

한 가지 방법을 더 알아보자. 『초등 사고력 수학의 원리』 편에 서 쌓기 나무를 붙여가며 소마큐브의 구성에 대해 알아봤었지? 그 방법을 다시 사용할 수도 있어. 앞에 '규칙 찾아 해결하기'에서 도형의 개수를 1개씩 늘리거나 조건을 1씩 크게 하면서 답을 찾 아갔던 것처럼 말이야.

정사각형 1개는 당연히 1가지이고, 2개를 서로 붙이면 1가지 모 양만 나와.

여기에 정사각형을 1개 더 붙이면 2가지 모양.

정사각형을 4개 붙인 모양부터는 순서를 정해서 푸는 것이 실 수를 줄일 수 있어. 3개를 붙여서 나온 두 모양에 돌아가면서 정

사각형을 하나씩 붙여. 이때 서로 중복이 되는 부분은 안 붙여 봐
도 되겠지.

첫 번째 모양에 돌아가면서 붙이면 그림과 같아.

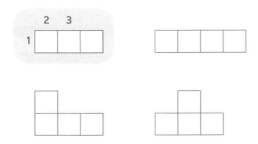

이건 두 번째 모양에 붙인 것이고.

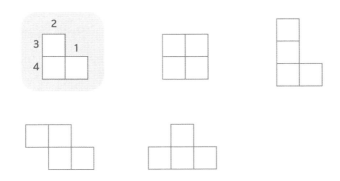

똑같은 모양을 지우면 다섯 개의 모양을 찾을 수 있어. 펜토미노를 찾을 때에는 5개의 모양에 각각 1개씩 더 붙여 보면 찾을 수 있지. 이 과정은 생략하도록 하자. 직접 해 보고 앞에서 찾은 모양과 비교해 봐.

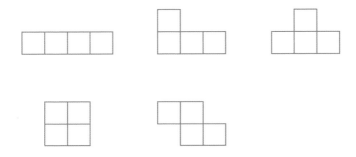

둘 다 쉽지 않은 방법이었네요. 한 줄로 붙어 있는 정사각형의 개수로 나누어서 세는 것은 풀이 과정은 간단하지만 그 방법을 생각해내기가 쉽지 않을 것 같아요. 반면에 1개씩 늘려서 모양을 찾는 과정은 복잡하지만 방법을 생각해내기는 더 쉬운 것 같아요. 그래도 순서 없이 막 그려서 찾는 것보다는 훨씬 낫겠죠?

07

비를 이용한 문제 해결

 기준이 되는 양에 대해 비교하는 양을 나타내는 것을 '비'라고 해. 예를 들어 빵을 만들 때 밀가루 100g에 설탕 200g을 넣어야 한다고 했을 때 밀가루 100g이라는 기준에 대해 넣어야 하는 설탕의 양을 비교하면 200g이라는 거지. 다음은 밀가루를 100g을 사용할 때와 300g을 사용할 때 사용하는 설탕의 양을 나타낸 거야.

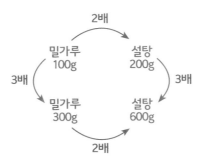

빨간색 화살표를 보면 기준이 되는 양이 3배가 되었을 때 비교하는 양도 3배가 되고, 파란색 화살표를 보면 기준이 되는 양과 비교하는 양의 관계가 2배이면 사용하는 양이 달라져도 두 양의 관계가 2배라는 것은 변함이 없다는 것을 알 수 있어.

비라는 어려운 말을 사용하지 않아도 곱셈을 배운 이후로는 비에 관한 개념을 계속 다루고 있는 것이나 마찬가지란다. 1분 동안 줄넘기를 40개 했다면 3분 동안 줄넘기를 몇 개 하게 되는지 묻는 문제도 비 문제라고 할 수 있어.

 3분 동안에는 줄넘기를 120개 할 수 있겠죠. 식은 죽 먹기네요.

 그래, 기본 개념이 그렇다는 것이고 실제로 문제를 해결할 때에는 어떻게 해야 하는지 공부해 보자. 초등학교 6학년 수학 과정에서는 이와 같은 관계를 '비례식'이라고 하는 식을 세워서 해결하는 방법을 배우게 돼. 그전에 우리는 원리를 이용하여 문제를 해결하는 방법을 알아보는 거야.

기준을 1로 계산하는 비

 먼저 아래 문제를 살펴볼까?

> 6분 동안 30m를 가는 속력으로 14분 동안 달린다면 몇 m를 갈 수 있을까요?

 14분이 6분의 몇 배인지 바로 알 수가 없어요. 시간이 2배면 거리도 2배, 시간이 3배면 거리도 3배가 걸리는 건데 지금과 같은 경우에는 그렇게 생각할 수 없어요.

 비에 관한 문제를 해결하는 기본적인 방법은 기준이 되는 양을 1로 바꾸어서 생각하는 거야. 6분 동안 30m를 가면 1분 동안 몇 m를 가는 거지?

 1분이면 5m를 가는 거죠. 14분이면 70m를 가는 거네요.

 맞아. 기준이 되는 양을 1로 고치지 않는 방법도 있어. 시간의 단위는 분이고 거리의 단위는 m라서 다른 방법을 떠올리기 쉽지 않을 거야. 30m의 30은 6의 5배지?

마찬가지로 14분에 5배를 해서 70m를 구할 수 있는 거야.

기준이 1이 안 되는 경우의 비

이번에는 기준이 1이 안 되는 경우의 비를 살펴볼까? 아래 문제를 풀어 보렴.

> 6분 동안 28m를 가는 속력으로 15분 동안 달린다면 몇 m를 갈 수 있습니까?

아빠! 이건 앞에서 푼 거랑 똑같이 생긴 문제인데 그렇게 계산할 수가 없어요.

28m를 6분으로 나눌 수가 없기 때문에 1분에 몇 m를 가는지는 알 수 없어. 하지만 문제의 조건을 좀더 간단하게 만들 수는 있지. 28과 6이 모두 짝수이니까 2로 나누면 3분 동안 14m를 가는 것이고, 15분은 3분의 5배이니까 14m의 5배인 70m를 가게 된다는 것을 알 수 있어.

 꼭 기준을 1로 바꾸지 않아도 문제를 해결할 수 있군요. 중요한 것은 문제에 나온 조건 사이의 관계가 서로 몇 배가 되는지 파악하는 것이고요.

기준량과 비교하는 양이 바뀌는 경우

 이번에는 조금 어려운 문제야. 잘 생각해 보렴.

> 1시간에 4분씩 느려지는 고장난 시계가 있어요. 5월 5일 낮 12시에 이 시계를 정확하게 맞추었어요. 다음날 이 시계가 오전 9시를 가리키고 있을 때 정확한 시각을 구해 보세요.

시계를 정확히 맞춘 뒤 21시간이 지났을 때를 묻는 거죠? 1시간에 4분씩 느려지는 시계니까 21시간 동안 84분이 느려졌겠네요. 고장 나지 않은 시계는 오전 10시 24분을 가리키고 있겠죠. 쉽네요.

땡!! 틀렸습니다. 많은 학생들이 너와 똑같은 실수를 한단다. 기준량과 비교하는 양을 바꾸어 생각하는 실수를 한 거야. 고장 나지 않은 시계가 1시간 갈 때 고장난 시계는 4분씩 느려진다고 했지? 문제에서 낮 12시에 시계를 맞추고 21시간이 흐른 것은 정상인 시계가 아니고 고장난 시계지? 고장난 시계가 21시간 갔을 때 정상인 시계가 84분 빠른 시각을 가리키고 있을까?

그것은 1시간에 4분 느린 시계가 1시간 뒤 정상인 시계가 4분 빠르다고 주장하는 것과 같아. 잘못된 생각이지.

문제에서 고장난 시계를 기준으로 생각해서 정상인 시계를 구하라는 거네요. 그럼 어떻게 해야 해요?

그러니까 고장난 시계를 기준으로 생각하면 되는 거야. 처음 조건을 조금 고쳐서 생각하면 된단다. 정상인 시계가 60분 지났을 때 고장난 시계는 56분 지나게 되는 거야. 간단하게 계산하기 위해서 4로 나누면 정상인 시계가 15분을 지날 때 고장난 시계는 14분을 지나는 꼴이야. 고장난 시계가 21시간을 지났다면 14의 1.5배가 되므로 정상인 시계는 15의 1.5배만큼 시간이 지났겠지. 22.5시간, 즉 22시간 30분이 지났어야 해. 그러니 5월 6일 오전 10시 30분을 가리키고 있겠지.

	정상인 시계	고장난 시계
	1시간 지남	4분 느려짐
똑같이 분으로 나타냄 →	60분	56분
간단하게 나타냄 →	15분	14분

어렵긴 한데 생각보다 재미있는 문제네요. 정상인 시계와 고장난 시계는 '같은 시계'라는 데서 착각을 일으켰어요. 기준량과 비교하는 양을 서로 바꾸어 생각하는 실수를 하게 되는 함정이 있는 문제였어요.

기준이 2개인 경우(일 문제)

 이번 문제는 아주 유명한 문제야.

> 고양이 3마리가 3분 동안 쥐 3마리를 잡습니다. 고양이 6마리는 6분 동안 몇 마리의 쥐를 잡을까요?

 6마리네요. 고양이 3마리가 3분 동안 쥐 3마리를 잡으니까 고양이 6마리가 6분 동안 쥐를 잡으면 고양이 수와 시간이 2배가 되어서 쥐 6마리를 잡을 수 있어요.

 정말? 그럼 고양이 6마리는 3분 동안 쥐를 몇 마리 잡을까?

 고양이 3마리가 3분 동안 쥐 3마리를 잡는데 고양이가 6마리가 되면 쥐도 6마리를 잡겠네요. 아, 제가 틀렸어요.

그럼 고양이 3마리가 6분 동안 쥐를 몇 마리 잡을까?

이번에도 쥐 6마리네요. 그럼 고양이 6마리가 6분 동안 쥐를 잡으면 쥐 12마리를 잡을 수 있겠네요. 고양이가 2배로 늘어난 만큼 쥐를 2배로 잡을 수 있고 시간도 2배로 늘어나니까 쥐를 4배로 잡을 수 있어요.

아주 잘 생각했어. 규칙이라고 생각하고 함정에 빠지면 안 되는 문제야. 이런 문제를 '일 문제'라고 하기도 한단다. 한 문제 더 생각해 보자.

> 6명이 9일 동안 일을 하면 81만 원을 받습니다. 7명이 8일 동안 같은 일을 하면 얼마를 받을까요?

 도저히 모르겠어요. 사람의 수는 6에서 7로, 시간은 9일에서 8일로 바뀌니까 어떻게 생각해야 할지 감이 안 잡혀요.

 81만 원이 아니라 54만 원이었다면 어땠을까?

그럼 1명이 1일 동안 1만 원을 받는 것이니까 쉽게 풀었겠죠. 간단하게 바꿀 수 있잖아요.

 그걸 이용하는 거야. 가정이 필요해. 1명이 1일 동안 하는 일의 양을 1이라고 하는 거야.

그렇게 하면 뭘 알 수 있는 거죠?

사람의 수와 일한 시간이라는 두 조건을 하나로 만들어서 생각할 수 있어. 1명이 1일 동안 한 일을 1이라고 하면 6명이 9일 동안 한 일은 54야. 사람이 6배, 시간이 9배이니 54배가 되는 거지. 이렇게 생각하면 54만큼의 일을 하고 81만 원을 받는 것이 되는 거야. 일단 수를 간단하게 만들자. 54와 81은 9의 배수이니 9로 나누면 6의 일을 할 때 9만 원을 받는 거야. 또 3으로 나눌 수 있네. 2의 일을 할 때 3만 원을 받는 거야. 더 이상 간단해질 수는 없어.

	일의 양	받은 돈
	54	81
9로 나누어 간단히 →	6	9
3으로 나누어 간단히 →	2	3

7명이 8일 동안 하는 일을 같은 방법으로 56만큼의 일을 한다고 생각하면 되는 거네요. 2의 일을 하는데 3만 원을 받는다고 했는데 56은 2의 28배니까 84만 원을 받게 돼요.

비를 잘 이해하고 있으면 수학 공부를 하는 데 많은 도움을 받을 수 있어. 나중에 비례식을 배우거나 방정식을 배우게 된다 하더라도 마지막에 공부한 문제는 풀이 방법을 적용하기가 어렵거든. 다시 한 번 살펴보면서 완전히 이해할 수 있도록 해 봐.

02

생각하고 발견하는 수학

수학은 올바른 시각으로 보면 진실뿐만 아니라 극도
의 아름다움을 지니고 있다.

Mathematics, rightly viewed, possesses not
only truth, but supreme beauty.

- 버트런드 러셀

01

수는 일정하게 변해요

수의 범위와 개수

간단하게는 범위가 주어진 자연수의 개수에서부터 일정한 규칙으로 나열된 수의 개수까지 수의 개수를 묻는 문제는 여러 가지 형태가 있어. 수의 개수를 구하는 것은 다른 문제를 해결하는 데에도 많이 활용되기 때문에 해결 방법을 잘 알고 있어야해. 직접 수의 개수를 구하는 방법도 있지만 원리를 정확히 안다면 어떤 형태의 문제가 나오더라도 잘 해결할 수 있겠지. 다음 문제를 풀어 보면서 어떤 원리가 숨어 있는지 찾아보자.

> 27에서 62까지의 수를 모두 나열하면 모두 몇 개입니까?

62 − 27 + 1 = 36개, 수의 개수를 구하는 방법은
(큰 수) − (작은 수) + 1이잖아요.

 왜 그렇게 되는지 설명해 보겠니?

문제집에서 '(수의 개수) = (큰 수) − (작은 수) + 1'이라고
보았어요. 또 여러 문제를 풀다 보니까 큰 수에서 작은 수를 빼기
만 하면 1이 부족해서 1을 더해 주는 것이 답이 된다는 것을 알게
되었구요.

수의 개수를 구하는 공식을 사용하면서 규칙을 알게 되었
구나. 아직 정확한 원리를 이해하지는 못한 것 같다. 수학은 원리
를 알고 있어야 문제의 형태나 조건이 바뀌어도 원리를 응용하여
문제를 해결할 수 있단다. 다음 범위에 따른 수의 개수를 구해 보
자.

① 1에서 35까지의 수의 개수
② 2에서 35까지의 수의 개수
③ 17에서 35까지의 수의 개수

①의 경우 35개라는 것을 쉽게 알 수 있어. ②의 경우는 어떨

까? 이 경우도 35까지의 수 중에서 1만 빠졌으니까 34개라는 것을 알 수 있지. 같은 원리로 생각해 보면 ③의 경우 35까지의 수 중에서 16까지의 수가 빠진 것이니까 35 − 16 = 19개로 구할 수 있겠지. 앞서 27에서 62까지의 수의 개수도 마찬가지야. 62 − 26 = 36개가 되는 거지.

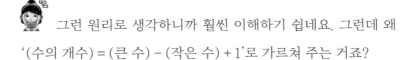 그런 원리로 생각하니까 훨씬 이해하기 쉽네요. 그런데 왜 '(수의 개수) = (큰 수) − (작은 수) + 1'로 가르쳐 주는 거죠?

수학은 원래 간단한 공식으로 표현하는 것을 좋아하는 학문이기 때문이야. 수의 개수를 구하는 것을 "1에서 큰 수까지의 수의 개수에서 1에서 작은 수보다 1 작은 수까지의 수의 개수를 빼다"고 쓰면 이해하기는 쉽지만 말이 길지. 수학은 간단하게 표현하기를 좋아해.

중학생, 고등학생은 문자로 표현하거나 식을 간단하게 표현하는 것에 익숙하기 때문에 공식으로 표현하더라도 왜 그렇게 되는지 이유를 알기 쉬운데, 초등학생은 원리는 모른 채 공식을 외워 버리면 응용된 형태의 문제를 해결할 수 없단다. 그렇기 때문에 공식을 외우는 것보다 왜 그렇게 되는지 이유를 탐구해 보고 원리를 정확하게 아는 것이 훨씬 더 중요하단다.

대칭수의 개수

 특별한 형태의 수의 개수를 세는 방법을 알아보자

1. 앞으로 읽으나 뒤로 읽으나 똑같은 두 자리 수는 몇 개입니까?

2. 앞으로 읽으나 뒤로 읽으나 똑같은 다섯 자리 수는 몇 개입니까?

1번은 어렵지 않아요. 11, 22, 33, 44, ……, 99 모두 9개네요. 하지만 2번은 너무 많아서 셀 수가 없는걸요.

그래, 문제의 뜻은 정확하게 파악했구나. 이렇게 앞으로 읽으나 뒤로 읽으나 똑같은 수를 '대칭수'라고 한단다. 1번은 문제의 뜻만 정확하게 파악하면 직접 세어 보아도 해결할 수 있어. 2번은 너무 많아서 직접 세어 볼 수 없는 문제이기 때문에 대칭수의 성질을 이용해서 간단하게 세는 방법을 고민해 봐야 해.

다섯 자리의 대칭수 중에서 가장 작은 수와 가장 큰 수는 10001과 99999가 되겠지? 그럼, 10001부터 크기 순서대로 대칭수를 하나씩 써 보면서 대칭수의 성질을 찾아보는 거야.

10001, 10101, 10201, 10301, 10401, 10501, 10601, 10701,

10801, 10901, 11011, 11111, 11211, ……, 19991, …….

다섯 자리의 대칭수에서 규칙을 발견할 수 있겠니? 앞의 두 자리와 뒤의 두 자리가 가운데 거울을 놓은 것처럼 함께 변화하고 있지? 그런데 크기 순서대로 하나씩 써 보면 앞에서부터 세 번째 자리가 1씩 커진다는 점을 알 수 있을 거야.

그렇다면 대칭수를 하나씩 따질 때 가장 뒤의 두 자리는 고려하지 않고 앞의 세 자리만 따져 보면 되겠지? 뒤의 두 자리는 앞의 두 자리의 숫자에 따라 결정되어 버리니까. 그래서 대칭수의 개수는 뒤에 대칭이 되는 숫자는 지워 버리고 남은 수만 세어도 된단다.

10001, 10101, 10201, 10301, ……, 19991, ……, 99999.

이와 같이 대칭이 되는 뒤의 숫자를 지우면 가장 작은 수에서 가장 큰 수까지의 개수가 전체 대칭수의 개수가 됩니다.

즉 100에서 999까지의 수의 개수, 900개가 답이 되는 거죠.

이와 같은 원리로 앞자리와 똑같은 숫자가 나오는 뒷자리를 지워 보면 대칭수의 개수는 다음과 같이 늘어납니다.

두 자리의 대칭수 9개(11~99, 1~9)

세 자리의 대칭수 90개(101~999, 10~99)

네 자리의 대칭수 90개(1001~9999, 10~99)

다섯 자리의 대칭수 900개(10001~99999, 100~999)

여섯 자리의 대칭수 900개(100001~999999, 100~999)

일정하게 커지는 수의 개수

 앞에서 살펴본 것들은 1씩 커지는 연속한 자연수를 세는 원리를 이용한 것이었어. 규칙적으로 수를 나열한 것을 수열이라고 한단다. 이제 일정하게 커지는 수열의 수의 개수를 알아볼까?

> 1. 3, 7, 11, 15, …… 와 같이 3부터 시작해서 4씩 커지는 규칙으로 수를 나열할 때 22번째 수는 무엇일까요?
> 2. 2, 5, 8, ……, 56과 같이 2부터 시작해서 3씩 커지는 규칙으로 수를 나열할 때 56은 몇 번째 수일까요?

1번 문제에서 22번째 수를 찾으려면 4씩 21번이 커져야 해요.

$3 + 4 \times 21 = 87$

2번 문제는 2부터 시작해서 56이 되었으니까 54가 커진 것이죠. 3씩 뛰어 세어서 54만큼 커지려면 18번을 거쳐야 해요. 따라서 56은 19번째 수가 되겠네요.

일정하게 커지는 규칙을 가진 수열에 대해 아주 잘 이해하고 있구나. 원리가 어렵지는 않지만 실수를 자주 하게 되는 문제이기도 하단다.

같은 원리를 도형 문제에서도 만나 볼 수 있어.

어렵지는 않지만 많이 틀리는 문제 중 하나야. 100m를 10m씩 나누면 10개이니 10그루라고 생각하기 쉽지. 하지만 앞서 생각해 본 수열 문제처럼 도로 시작 지점에 1그루를 심고 10m씩 떨어져서 가로수를 심는다면 10번 떨어져서 심어야 하니까 총 11그루가 되는 거야. 이게 끝이 아니야. 문제를 보면 도로 양쪽에 가로수를 심는다고 했기 때문에 정답은 11그루에 2배를 한 22그루가 되는 거야.

만일 도로가 아니라 100m 길이의 호수 둘레에 10m 간격으로 나무를 심는다고 하면 다른 결과가 나와. 호수는 처음에 나무를 심은 자리가 마지막 100m에 심는 자리가 되기 때문에 1그루를 더할 필요 없이 10그루만 있으면 된단다.

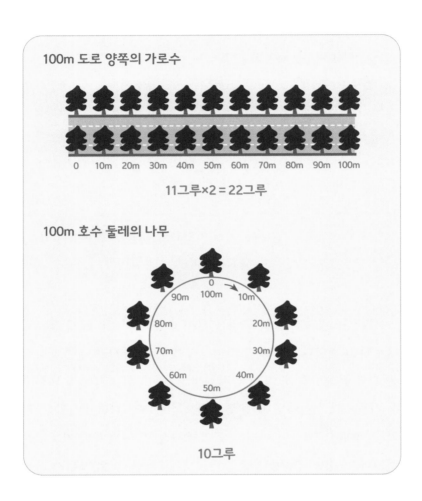

100m 도로 양쪽의 가로수

0   10m 20m 30m 40m 50m 60m 70m 80m 90m 100m

11그루×2 = 22그루

100m 호수 둘레의 나무

10그루

마지막으로 한 문제만 더 살펴보자.

다음 규칙으로 수를 나열할 때 20번째 수를 구하시오.

1, 2, 4, 7, 11, ……

규칙은 알겠어요. 1부터 시작해서 1 커지고, 2 커지고, 3 커지고……. 커지는 수가 1씩 커지는 거네요. 하나씩 적어 보면 20번째 수는 쉽게 나오는데요. 하하.

직접 적어 보는 것은 답을 구하는 아주 좋은 방법 중 하나지. 하지만 문제가 복잡해지거나 수가 커질 경우에는 그렇게 할 수가 없잖아. 만약 시험을 보다가 큰 수에 대해서 직접 적어 보며 문제를 풀어야겠다고 판단을 하게 된다면 그 문제는 마지막에 풀어 보도록 해. 시험에서는 시간을 절약해야 하니까. 시험을 볼 때가 아니라 공부를 할 때에는 직접 적어 볼 수 있는 문제라도 원리를 찾기 위해 노력해 보고 논리적으로 생각하는 것이 좋아. 그래야만 다음 번에는 간단하게 해결할 수 있거든.

1부터 1씩 커지는 규칙이라면 2번째 수는 $1+1$, 3번째 수는 2번째 수에서 2가 커지니까 $1+1+2$, 4번째 수는 $1+1+2+3$과 같이 생각할 수 있겠지? 이걸 생각해낸다면 절반은 성공한 거야.

그럼 이제 몇까지를 더해야 하는지가 남네요. 20번째 수니까 20까지 더하는 것 아닐까요?

아니지. 2번째 수가 1을 더하고, 3번째 수가 2까지 더하고, 4번째 수가 3까지 더하게 되니까 20번째 수는 19까지 더하게 되겠지. 따라서 $1+1+2+3+4+\cdots\cdots+19=191$이 답이 된단다.
더하기를 하는 방법은 1을 제외하고 앞에서 배운 가우스의 합을
이용하여 1부터 19까지를 더한 뒤 1을 더해 주면 되겠네.

커지는 수가 커지는 수열

1, 2, 4, 7, 11, 16, ……, 20번째 수, ……, ★번째 수
 +1 +2 +3 +4 +5

1번째 수 : $1=1$

2번째 수 : $2=1+(1)$

3번째 수 : $4=1+(1+2)$

4번째 수 : $7=1+(1+2+3)$

5번째 수 : $11=1+(1+2+3+4)$

6번째 수 : $16=1+(1+2+3+4+5)$

20번째 수 : $191=1+(1+2+3+4+5+\cdots+19)$

★번째 수 : $1+(1+2+3+4+5+\cdots+(★-1))$

02

숫자 카드로 만든 수와 식

곱셈으로 수의 개수 구하기

숫자 카드를 이용하여 조건에 맞는 수와 식을 만드는 문제는 교과서에도 나오지만 수학경시대회 문제로도 자주 등장해. 그 중에서도 숫자 카드를 이용하여 만들 수 있는 수의 개수를 세는 문제는 초등학교 수학에서부터 고등학교 수학까지 계속해서 나오는 문제란다. 그만큼 중요하면서도 어렵다는 얘기겠지? 먼저 조건에 맞는 수의 개수를 구하는 문제부터 알아본 후 식을 만드는 문제를 공부해 보도록 하자.

나뭇가지 그림을 그려서 수의 개수를 구할 수 있어요.

1번 문제는 오른쪽과 같이 나뭇가지 그림을 그려 보면 천의 자리에 1이 왔을 때 6개의 수를 만들 수 있어요. 2, 3, 4가 천의 자리에 오더라도 마찬가지이니 나뭇가지 그림은 천의 자리가 1일 때만 그려 보아도 6 × 4 = 24개 그러니까 모두 24개의 수를 만들 수 있어요.

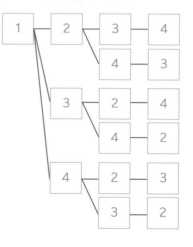

76

2번 문제도 마찬가지로 나뭇가지 그림을 그려 보면 오른쪽 그림과 같아요. 1번 문제와 다른 것은 0이 천의 자리에 오면 네 자리 수가 만들어지지 않는다는 것이죠.

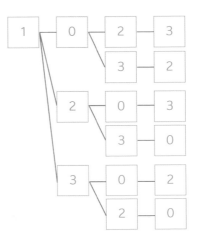

따라서 천의 자리에 올 수 있는 수는 1, 2, 3이고

6 × 3 = 18개 모두 18개의 수를 만들 수 있어요.

나뭇가지 그림을 잘 이해하고 있구나. 아빠는 그림을 그리지 않고 곱셈으로 문제를 해결하는 원리를 보여 줄까? 나뭇가지 그림을 그릴 수 있으니까 이해하기 쉬울 거야. 1번에서 천의 자리에 올 수 있는 숫자는 4개야. 그런데 천의 자리에 어떤 숫자가 오더라도 백의 자리는 그 숫자를 제외한 3개가 올 수 있겠지. 마찬가지로 십의 자리는 천의 자리와 백의 자리에 온 숫자를 제외하고 어떤 숫자라도 올 수 있으니 2개, 일의 자리에는 남은 1개의 숫자가 올 수 있어.

따라서 4 × 3 × 2 × 1 = 24개가 되지.

2번도 같은 방식으로 생각하되 천의 자리만 조심하면 돼.

천의 자리에 올 수 있는 숫자는 3개가 되지? 그런데 백의 자리부터는 천의 자리에 올 수 없던 0이 올 수 있어. 그래서 천의 자리에 숫자 하나를 사용해도 백의 자리에 올 수 있는 숫자는 다시 3개가 돼. 십의 자리, 일의 자리에 사용할 수 있는 숫자들은 1개씩 줄어서 2개, 1개가 되고.

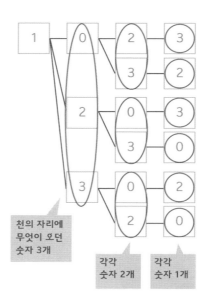

천의 자리에 무엇이 오던 숫자 3개

각각 숫자 2개

각각 숫자 1개

따라서 $3 \times 3 \times 2 \times 1 = 18$개가 되지.

곱셈으로 수의 개수를 구하는 문제를 하나 더 살펴보자.

다음 숫자 카드를 한 번만 사용하여 만들 수 있는 세 자리의 짝수는 모두 몇 개입니까?

| 1 | 2 | 3 | 4 |

아빠가 가르쳐 준 방법으로 해결하려고 해 보니 이 문제는 백의 자리에 숫자가 1이 올 때와 2가 올 때, 십의 자리와 일의 자리에 올 수 있는 수의 개수가 달라져요. 숫자의 개수를 이용해서 곱셈으로 해결하는 방법으로는 풀기 어렵겠는데요.

그렇지 않아. 이 문제가 앞의 문제와 다른 조건은 짝수라는 것뿐인걸. 그래서 짝수라는 조건을 먼저 생각하면 곱셈으로 해결할 수 있어. 짝수는 일의 자리로 결정되니까 일의 자리에 올 수 있는 숫자는 2와 4, 2개, 그러고 나면 남는 숫자가 3개이니 백의 자리에 올 수 있는 숫자는 3개, 십의 자리에 올 수 있는 숫자는 2개가 된단다.

따라서 $2 \times 3 \times 2 = 12$개가 되지. 나뭇가지 그림으로 해결하더라도 일의 자리를 먼저 결정하는 것이 그림을 그리기 쉬워.

다만 숫자 카드가 0을 포함해서 0, 1, 2, 3, 4가 된다면 하나의 식으로 해결하는 것이 불가능해져. 0은 백의 자리에 올 수 없지만 일의 자리에 들어갈 수도 있고 안 들어갈 수도 있기 때문에 일의 자리에 0이 들어갈 때와 2나 4가 들어갈 때 만들 수 있는 수가 서로 달라지거든. 이런 경우는 나뭇가지 그림을 그리거나 경우를 나누어서 수를 세어야겠지.

여기에서 잠깐!! 수와 숫자의 정확한 의미를 알고 가자.

수와 숫자의 차이

　　수와 숫자를 구하라는 문제에서 둘을 정확하게 구분하지 못한 채 수를 구하라고 하는데 숫자를 구하거나 숫자를 구하라고 하는데 수를 구하는 경우가 있습니다.

　　한자로 수는 '數', 숫자는 '數字'라고 씁니다. 숫자는 수를 나타내는 '數'와 글자를 나타내는 '字'가 만나서 만들어진 말입니다. 수는 세어서 나타낸 것을 말하고, 숫자는 수를 나타내는 글자를 말합니다. '비행기'라는 말은 '비', '행', '기'라는 3개의 글자로 이루어져 있는 하나의 단어인 것처럼 '123'이라는 '수'는 백의 자리에 숫자 '1', 십의 자리에 숫자 '2', 일의 자리에 숫자 '3', 이렇게 3개의 숫자로 이루어진 하나의 수인 것입니다.

　　앞으로 수와 숫자를 정확히 구분해 주세요.

숫자의 개수

　　아래의 문제는 초등학교 수학경시대회에 많이 나오는 문제야. 학생들이 어려워하는 문제인데 어떻게 접근하면 좋을지 한번 생각해 보자.

맞아요. 이런 문제가 나오면 50에서 99까지, 100에서 199까지, 200에서 299까지, 그리고 300으로 나누어서 세었는데 자주 실수를 하곤 했어요. 100에서 300까지라면 그래도 괜찮은데 50에서 300까지라고 하면 더 복잡해요.

숫자의 개수를 셀 때는 각 자리를 나누어서 세는 것이 좋아. 백의 자리에 2가 오는 경우, 십의 자리에 2가 오는 경우, 일의 자리에 2가 오는 경우로 나누어서 개수를 구한 뒤 모두 더하면 되겠지. 이때 수가 연속적으로 변한다는 성질을 응용하면 좋은 방법이 나오지.

백의 자리를 먼저 보자. 백의 자리에 세어야 하는 숫자 2를 넣고, 나머지 자리는 □로 표현하면 2□□로 쓸 수 있지? □□가 가장 작을 때와 클 때는 어떤 숫자가 들어갈 때일까?

200일 때와 299일 때이니 00와 99이네요.

그래, 00, 01, 02, 03, 04, 05, 06, 07, 08, 09, 10, ……, 98, 99까지 들어갈 수 있겠지? 모두 몇 개?

그렇게 들어가면 0에서 99까지의 개수이니 100개네요.

 문제의 범위에서 백의 자리에 숫자 2가 모두 100개가 나온다는 말이야. 백의 자리에 숫자 2를 고정해 놓고 다른 자리의 변화를 살펴보는 거지. 그런데 백의 자리의 2를 뺀 다른 자리가 연속적으로 변하기 때문에 수의 개수를 세는 간단한 문제로 변하지.

십의 자리를 세는 게 조금 어렵지만 원리는 같아. □2□일 때 2를 생략하고 변하는 자리만 보는 거야. □□가 가장 작을 때와 가장 클 때는 어떤 숫자일까?

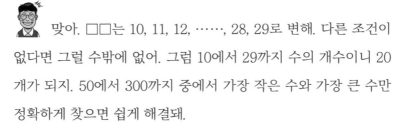 120일 때와 229일 때이니 10과 29로 생각해야 하나요?

 맞아. □□는 10, 11, 12, ……, 28, 29로 변해. 다른 조건이 없다면 그럴 수밖에 없어. 그럼 10에서 29까지 수의 개수이니 20개가 되지. 50에서 300까지 중에서 가장 작은 수와 가장 큰 수만 정확하게 찾으면 쉽게 해결돼.

자, 일의 자리는 □□2

 원래는 52가 가장 작은데 052? 어떻게 하죠?

2를 제외한 수의 개수를 셀 때 앞자리의 0은 백의 자리에

2를 셀 때 200부터 299까지를 세기 위해서 00에서 99까지를 센 것처럼 앞자리에 아무것도 없어도 세기 편하게 빈자리를 0으로 생각해도 돼.

 그럼 052에서 292까지이니 05에서 29까지의 수를 세는 거죠?

빈 자리를 생각하지 않아도 5에서 29로 생각할 수 있네요.

25개에요.

 그래, 100개, 20개, 25개를 모두 더하면 145개가 되는 거야.

기억해. 숫자의 개수를 셀 때는 각 자리에 구하고자 하는 숫자를 넣고 다른 자리의 변화를 살펴야 한다는 것을 말이야.

숫자의 개수 구하기

숫자의 개수를 셀 때에는 백의 자리, 십의 자리, 일의 자리 등으로 나누고, 자리 별로 가장 큰 수, 가장 작은 수를 찾아서 수의 개수를 세는 방법으로 해결합니다.

쉽지 않은 문제이지만 아주 복잡하게 나오지는 않아요.

73에서 369까지의 수에서 숫자 3의 개수를 세어 보면

- 백의 자리에 숫자 3이 올 때

  3□□

가장 작은 수 300, 가장 큰 수 369. 그러니까 백의 자리 3을 제외한 다른 숫자의 변화는 00에서 69까지이므로 모두 70개.

- 십의 자리에 숫자 3이 올 때

  □3□

가장 작은 수 130, 가장 큰 수 339. 그러니까 십의 자리의 3을 제외한 다른 숫자의 변화는 10에서 39까지이므로 모두 30개.

- 일의 자리에 숫자 3이 올 때

  □□3

가장 작은 수 73, 가장 큰 수 363. 그러니까 일의 자리 3을 제외한 다른 숫자의 변화는 07에서 36까지이니 모두 30개.

73에서 369까지의 수에서 숫자 3의 개수는 각 자리의 숫자를 모두 더해서 70 + 30 + 30 = 130개가 됩니다.

숫자 카드로 만든 몇 번째 수

아빠, 주어진 숫자로 만든 몇 번째 큰 수를 물어보는 문제를 간편하게 해결하는 방법이 없을까요? 저는 이런 문제도 나뭇가지 그림으로 해결했는데 더 좋은 방법이 있는지 알고 싶어요.

나뭇가지 그림을 그려서 그런 문제를 풀었다면 모든 나뭇가지를 다 그릴 필요는 없었겠지? 아래 문제를 풀어보렴.

> 숫자 1, 2, 3, 4, 5로 만들 수 있는 32번째로 작은 세 자리 수를 구하시오.

맞아요. 백의 자리가 1일 때의 그림을 그려 보면 다른 숫자가 백의 자리에 올 때 만들어지는 수의 개수를 알 수 있어서 32번째에 가까운 백의 자리 숫자를 찾을 수 있어요.

아하! 알겠다. 백의 자리 숫자가 1인 세 자리 수의 개수는 십의 자리에 올 수 있는 숫자 4개, 이때 일의 자리에 올 수 있는 숫자는 3개. 따라서 백의 자리의 숫자가 1일 때의 수는 모두 $4 \times 3 = 12$개.

마찬가지로 생각하면 백의 자리의 숫자가 2일 때도 12개, 3일 때도 12개, 백의 자리 숫자가 3일 때의 가장 큰 수가 36번째 수니까 답의 백의 자리 숫자는 3이구나. 3일 때만 다시 해 보면 되겠네요.

그런데 백의 자리의 숫자가 1, 2일 때에는 모두 24개니까 백의 자리의 숫자가 3일 때의 수 중에서 8번째 수를 찾으면 돼요.

백의 자리 숫자가 3, 십의 자리 숫자가 1일 때 수가 3개, 2일 때도 3개, 4일 때도 3개, 따라서 백의 자리 숫자가 3, 십의 자리 숫자가 4일 때 341, 342, 345가 되어 32번째로 작은 세자리 수는 342 이에요.

몇 번째 수 구하기

숫자 1, 2, 3, 4, 5로 만들 수 있는 32번째 세 자리 수를 찾아보면

1□□인 경우가 4×3 = 12개,

2□□인 경우도 12개,

31□인 경우가 3개, 32□인 경우가 3개, 다음으로 341, 342, 345가 되어 32번째 수는 342라는 것을 알 수 있습니다.

이와 같이 가장 큰 자리 숫자가 결정될 때 만들어지는 수의 개수를 알아내면 구하고자 하는 답의 큰 자리 숫자를 알 수 있습니다. 마찬가지로 그 아래 자리도 같은 방법으로 알 수 있습니다.

숫자 카드로 계산값이 큰 식과 작은 식을 만들기

 이번에는 숫자를 이용하여 식을 만들어 보자.

주어진 숫자 카드를 빈칸에 한 번씩 넣어 뺄셈식을 만들 때 차가 가장 큰 값과 가장 작은 값을 만들어 보시오.

0   1   2   3

□□ - □□

 차가 가장 큰 값은 가장 큰 수에서 가장 작은 수를 빼면 되겠네요.

가장 큰 수 = 32, 가장 작은 수 = 10,

그러니까 32 - 10 = 22, 차가 가장 큰 값은 22예요.

차가 가장 작은 값은 두 수가 가장 비슷하면 되겠죠. 두 수가 가장 비슷해지려면 먼저 십의 자리의 차가 작아야 해요. 십의 자리 차가 1이 나오는 숫자가 3쌍이나 있네요. (1, 0), (2, 1), (3, 2). 모두 다 계산해 봐야 하나요?

그렇지 않아. 십의 자리 숫자의 차가 작아졌다고 할 때 일의 자리는 어떻게 되어야 할까? 빼지는 수의 일의 자리 숫자는 작아지고 빼는 수의 일의 자리 숫자는 커져야 하겠지?

그럼 십의 자리 숫자의 차가 모두 1로 같으니까 일의 자리 숫자를 가장 작게, 가장 크게 만들 수 있는 경우를 생각하면 되겠네요.

십의 자리가 1과 0일 때는 0 때문에 두 자리 수가 안 만들어지고, 십의 자리가 2와 1일 때와 3과 2일 때만 생각해 보면 돼요. 20과 13의 차가 가장 작아요.

검산까지 해 보면 20 - 13 = 7, 30 - 21 = 9, 맞았어요.

차가 가장 작은 뺄셈식

두 수의 차가 가장 작게 남으려면 가장 큰 자릿수 숫자의 차가 가장 작게 남아야 합니다. 따라서 가장 큰 자릿수 숫자의 차가 가장 작은 숫자의 쌍을 찾은 후 남은 자리는 빼지는 수는 작게, 빼는 수는 크게 만들어야 합니다.

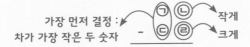

가장 먼저 결정 :
차가 가장 작은 두 숫자

가장 큰 자릿수 숫자의 차가 같은 숫자의 쌍이 있다면 빼지는 수의 남은 자리를 가장 작게, 빼는 수의 남은 자리를 가장 크게 만들 수 있는 것이 답이 됩니다. 답을 구한 뒤에는 검산을 꼭 해 보는 것이 좋습니다.

 자! 그럼, 곱셈도 해 보자.

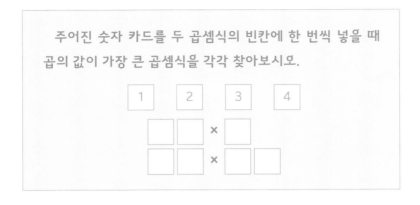

두 자리 곱하기 한 자리는 42 × 3, 또는 32 × 4가 될 것 같아요. 음……, 42 × 3 = 126, 32 × 4 = 128, 값을 비교해 보니 32 × 4가 크네요. 계산하기 전에는 42 × 3이 더 클 것 같았는데 막상 계산해보니 32 × 4가 더 커요.

그건 이유가 있단다. 오른쪽 그림은 세로셈으로 곱셈을 하는 경우를 선으로 표현해 본 것이야. 왜 그런지 알겠니?

곱의 값이 가장 큰 곱셈식을 찾으려면 ㉠과 ㉢에 큰 숫자를 넣어야 해요. 두 숫자가 곱해질 때 ㉢은 ㉡과 한 번 더 곱해지네요. 그럼 가장 큰 숫자는 ㉢이 되어야겠어요.

음, 그럼 두 자리 곱하기 두 자리도 십의 자리에 큰 숫자를 넣어야 한다는 것은 알겠어요. 그 다음 일의 자리에 다른 숫자를 넣어 보고 계산해야 하는 문제는 아니겠죠?

 물론이야. 두 자리 곱하기 두 자리 곱셈은 어떤 수의 십의 자리에 가장 큰 숫자가 들어 가느냐에 따라 일의 자리가 결정된단다. 이것 도 역시 선으로 그려 보자.

십의 자리에 큰 숫자를 넣어야 하는 건 당연하겠지. ㉠에 가장 큰 숫자, ㉢에 두 번째로 큰 숫자를 넣었을 때 다음으로 큰 숫자는 ㉣의 자리에 와야 해. 왜냐하면 둘 중에 더 큰 십의 자리와 곱해지는 자리에 들어가야 하기 때문이지. 그래서 $41 \times 32 = 1312$가 답이 되겠구나.

03

악수하기와 교점의 개수

악수하기와 선분의 개수

 악수하기, 점을 연결하여 선분 그리기, 대각선의 개수 구하기, 교점의 개수 구하기, 2명의 당번 뽑기 문제는 각각 다른 문제인 듯 보이지만 원리가 같은 문제야. 여러 사람이나 여러 개의 점 중에서 둘씩 짝지을수 있는 경우의 수를 구하는 문제이지. 악수하기와 관련된 다음 두 문제를 살펴보자.

> 1. 5명의 어린이가 서로 한 번씩 악수를 합니다. 악수는 모두 몇 번 하게 될까요?

2. 3쌍의 부부가 파티에 참석하였습니다. 부부 사이를 제외하고 다른 사람들과 악수를 한 번씩 한다면 악수를 모두 몇 번 하게 될까요?

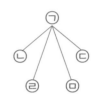

그림을 그려서 해결해 보았어요. 1번 문제는 오른쪽과 같이 그림을 그리고 악수를 하게 되는 경우를 선으로 연결하면 ㉠이 먼저 네 번 악수하고, ㉡은 ㉠과는 이미 악수를 했으니 다른 사람과 세 번, ㉢은 ㉠, ㉡과 이미 악수를 했으니 다른 사람과 두 번, ㉣은 ㉤과 악수를 한 번 하면 모두 악수를 하게 돼요. 4 + 3 + 2 + 1 = 10이니 악수는 모두 열 번 하게 되네요.

2번 문제는 부부끼리 이웃하게 그림을 그려서 부부끼리는 선을 그리지 않고 같은 방법으로 구했더니 4 + 4 + 2 + 2 = 12번이 나왔어요.

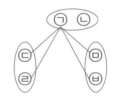

잘했구나. 그럼 이제 다른 방법으로도 생각해 볼까?

먼저 네가 1번 문제를 해결한 방법으로 2번 문제에서 6명이 모두 악수를 한다고 생각하면 5 + 4 + 3 + 2 + 1 = 15번이 되겠지? 그런데 이렇게 하면 부부끼리 악수를 하는 경우도 모두 더한 거잖아. 그래서 부부끼리 악수하는 경우 세 번을 빼서 15 - 3 = 12번으로 구할 수도 있겠지. 때로는 이와 같이 전체를 구한 다음 조건에 맞지 않는 것을 빼는 방법이 더 편할 때가 있어.

1번 문제나 2번 문제 모두 좀더 편리하게 구하는 방법이 있어. 곱셈을 배운 학생이라면 누구나 적용할 수 있는 방법이야. 1번 문제에서 한 사람이 악수를 각각 몇 번씩 할까?

5명이니까 네 번씩 하게 되겠죠.

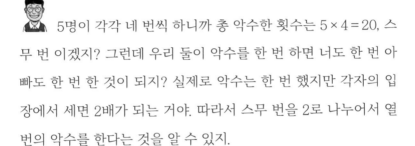

5명이 각각 네 번씩 하니까 총 악수한 횟수는 $5 \times 4 = 20$, 스무 번 이겠지? 그런데 우리 둘이 악수를 한 번 하면 너도 한 번 아빠도 한 번 한 것이 되지? 실제로 악수는 한 번 했지만 각자의 입장에서 세면 2배가 되는 거야. 따라서 스무 번을 2로 나누어서 열 번의 악수를 한다는 것을 알 수 있지.

같은 방법으로 2번 문제를 해결해 보면 여기서는 한 사람이 악수를 네 번씩 한다는 것을 알 수 있어. 그러면 $6 \times 4 \div 2 = 12$번이 되지. 논리나 계산 과정이 더 간단하지? 이렇게 간단한 방법을 사용할수록 답은 빠르게 구할 수 있고 실수도 줄어들게 돼.

점을 연결하는 선분의 개수도 같은 방법으로 해결할 수 있어. 여러 사람 중에서 당번 2명을 뽑는 방법도 당번을 점으로 생각하고 당번 2명을 선으로 연결한다고 생각하면 마찬가지 방법을 적용할 수 있고.

4개의 점 중에서 2개의 점을 이어서 그릴 수 있는 선분의 개수 또는 4명의 사람 중에서 2명의 당번을 정하는 방법의 수를 구하면 각 점에서 3개의 선분을 그릴 수 있습니다. 그런 점이 4개 있으므로 4×3÷2 = 6개입니다.

2로 나누는 이유는 각 점에서 그릴 수 있는 선분을 세면 하나의 선분을 두 번 세게 되기 때문입니다.

대각선의 개수와 교점의 개수

 대각선의 개수와 교점의 개수를 구하는 문제도 살펴보자. 두 가지는 조금 다른 형태로 문제가 나오지만 사실은 악수하기와 똑같은 원리를 가지고 있어.

오른쪽 도형은 팔각형이야. 아빠의 설명을 듣기 전에 팔각형의 대각선의 개수를 스스로 구해 볼래? 앞에서 공부한 방법 중 부부가 악수하는 문제와 같이 생각해 볼까? 8개의 꼭짓점을 모두 연결하는 방법은 8 × 7 ÷ 2 = 28가지야. 이웃한 점끼리 8개의 변은 연결되어 있으니까 8개를 빼면 대각선의 개수는 20개가 되겠지.

대각선의 개수를 구하는 것도 한 점을 기준으로 생각하는 것이 더 편리해. 8개의 점 중에서 자기 자신과 이웃한 2개의 점에는 대각선을 그릴 수 없고 한 점에서 대각선을 5개씩 그릴 수 있어. 따라서 대각선의 개수는 8 × 5 ÷ 2 = 20(개)가 되는 것이지.

같은 원리를 교점의 개수를 구하는 문제에 응용해 볼까? 먼저 해결 방법을 스스로 생각해 보렴.

> 10개의 직선을 그립니다. 직선과 직선이 만나서 생기는 교점이 최대가 되도록 그리면 교점은 몇 개입니까?

저도 할 수 있어요. 앞에서 알아봤잖아요. 직선의 개수를 늘려가면서 규칙을 찾으면 돼요. 직선이 2개일 때 교점이 1개, 직선이 3개일 때 교점이 3개, 직선이 4개일 때 교점이 6개……. 이렇게 생각하면 직선이 1개씩 늘어날 때마다 교점의 개수가 1씩 커지면서 늘어나요. 이런 규칙을 이용하여 하나씩 써 보면 직선이 10개일 때 교점의 개수는 45개가 돼요.

최대 교점의 개수

직선 2개
교점 1개

직선 3개
교점 3개

직선 4개
교점 6개

아주 잘했어. 그런데 교점이 최대가 되는 두 가지 조건을 알고 있니?

첫 번째 조건은 모든 직선이 서로 한 번씩 만나도록 그려야 한다는 것이고 두 번째 조건은 2개가 넘는 직선이 한 점에서 만나면 안 된다는 것이에요. 서로 한 번씩은 꼭 만나도록 그려야 교점이 많아지고, 두 개가 넘는 직선이 한 점에서 만나면 그만큼 교점의 개수가 줄어들게 되겠죠.

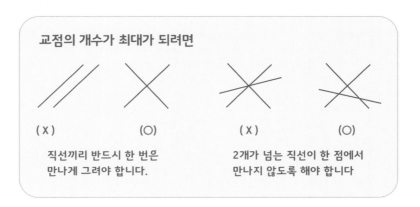

교점의 개수가 최대가 되려면

(X)

(O)

직선끼리 반드시 한 번은
만나게 그려야 합니다.

(X)

(O)

2개가 넘는 직선이 한 점에서
만나지 않도록 해야 합니다

정확하게 알고 있구나. 그 성질을 이용하면 규칙을 찾아서 해결하지 않고 악수하기와 같은 방법으로 해결할 수 있어. 직선이 사람이고, 교점이 서로 악수를 한 번씩 하는 것이라고 상상하면 되는 거야.

10개의 직선이 서로 한 번씩 반드시 만나서 교점을 만들어야 하니까 각 직선이 다른 9개의 직선과 한 번씩 만나겠지. 이렇게 생각하면 두 직선이 교점 1개에서 서로 만나기 때문에 교점을 두 번씩 세게 되지. 그래서 아래와 같이 구할 수 있는 거야.

$$10 \times 9 \div 2 = 45(개)$$

정사각형의 최대 교점 수

이런 문제는 어떻게 해결할 수 있을까?

> 정사각형 4개를 그렸을 때 교점은 최대 몇 개입니까?

이건 그림을 어떻게 그려야 할지 모르겠어요. 직접 그려서 해결하긴 힘든 문제가 분명해요.

이럴 때는 조건을 간단하게 만들어서 규칙을 찾자고 했지? 교점과 영역이 최대가 되도록 정사각형을 2개만 그려 봐.

2개를 그려서 교점과 영역이 가장 많게요? 이렇게 해 볼까 저렇게 해 볼까……. 아! 알았어요. 하나를 조금 돌려서 교점이 8개가 되도록 할 수 있어요.

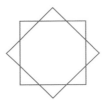

그래 맞아. 정사각형 2개가 서로 교점을 8개 만들 수 있는 거야. 가장 많은 교점의 개수를 구하기 위해서 악수하기 원리를 적용할 수 있어. 정사각형이 사람이라고 생각해 보자. 사람 4명이 서로 악수를 여덟 번씩 하는 거야. 그럼 한 사람은 3명의 사람과 모두 스물네 번의 악수를 하게 되는 거야. 4명이 각각 스물네 번의 악수를 하는데 악수는 두 사람이 서로 하기 때문에 각자의 입장에서 횟수를 세면 중복이 되어서 2로 나누어야 해.

4×24÷2=48(번)

직선을 4개 그렸을 때 교점이 가장 적으면 0개, 가장 많으면 6개야. 교점이 0개, 1개, 2개, 3개, 4개, 5개, 6개인 그림을 각각 그려 봐. 그릴 수 없는 것도 있어. 나름대로 도형 감각이 있어야 할 거야. 이건 아빠가 가르쳐 주진 않을게. 직접 해 봐.

정답은 186쪽을 참고하세요.

외각의 성질

다각형의 내각의 합

 다각형의 내각의 합을 구할 줄 알지?

 네, 도형을 잘라서 삼각형이 몇 개 들어가는지 찾아서 구하면 되잖아요.

삼각형은 180°, 사각형은 삼각형 2개로 잘라지니까 내각을 삼각형 2개의 내각으로 나누어서 생각하면 180°의 두 배인 360°이죠. 마찬가지로 오각형은 삼각형 3개로 잘라지니까 180°의 세 배인 540°, 육각형은 마찬가지 이유로 720°이죠.

 잘 알고 있구나. □각형이라고 할 때 삼각형의 개수는 □보다 2가 적으니 180 × (□-2)가 내각의 크기가 되는 거지. 학생들이 많이 실수하는 것 중에 하나가 도형이 삼각형 몇 개로 잘라지는지 그림을 그려 보면서 선을 겹치게 하는 경우야.

오른쪽 그림은 삼각형 3개와 사각형 1개로 잘라졌지. 이렇게 자르고 180° 3개, 360° 1개의 합이 오각형의 내각의 합이라고 생각하면 안 돼. 빨간색 부분에 각이 모이기 때문에 모인 각인 360°를 빼 줘야 오각형의 내각이 나와.

이렇게 각을 구하게 되면 규칙을 찾을 수가 없어서 변의 개수가 많아졌을 때 내각을 구하기가 힘들어.

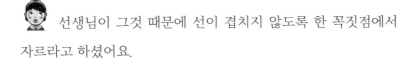 선생님이 그것 때문에 선이 겹치지 않도록 한 꼭짓점에서 자르라고 하셨어요.

외각과 외각의 합

 아빠랑 내각을 구하는 다른 방법을 한 가지 배워 보자. 이 방법은 교과서에 나오지는 않지만 알아두면 활용할 곳이 정말 많단다.

다각형의 한 변을 꼭짓점을 지나도록 연장선으로 그리면 내각과 더해서 180°가 되는 이웃한 각이 있어. 이 각을 다각형의 바깥에 있다고 해서 외각이라고 해.

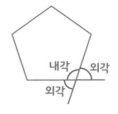

 그림에서는 내각의 옆에 외각이 2개 있네요.

 응, 그런데 한 꼭짓점에 있는 두 외각은 항상 크기가 같아. 그래서 두 외각은 같은 것으로 생각해. 오각형은 외각이 5개 존재해. □각형은 외각이 □개 있는 거야.

각의 크기를 구할 수 있는 정다각형 몇 개의 내각의 크기를 이용해서 외각의 합을 구해 보자.

	정삼각형	정사각형	정오각형	정육각형	정팔각형
내각의 합	180°	360°	540°	720°	1080°
한 내각의 크기	60°	90°	108°	120°	135°
한 외각의 크기	120°	90°	72°	60°	45°
외각의 합	360°	360°	360°	360°	360°

외각의 합이 모두 같아요. 5개의 다각형을 해 보았으니 다른 도형도 같겠죠? 정다각형만 같은 것은 아닌가요?

응 모두 같아. 표에서는 외각의 합이 같다는 것을 가르쳐 주기 위해서 내각의 합을 이용해서 한 내각의 크기, 한 외각의 크기, 외각의 합 순서로 계산을 했어. 하지만 외각의 합이 360°라는 사실을 알게 된 후에는 한 내각의 크기도 외각의 합을 이용해서 계산하는 것이 더 편리할 거야.

비교해 볼까? 십이각형의 한 내각의 크기를 구해 보자.

첫째, 내각의 합을 이용하면
내각의 합 : 180×(12-2)=1800
한 내각의 크기 : 1800÷12=150

둘째, 외각의 합을 이용하면
한 외각의 크기 : 360÷12=30
한 내각의 크기 : 180-30=150

내각의 합은 공식과 함께 공식이 만들어지게 된 원리를 외워야 하는데 외각의 합은 정사각형을 예로 들어서 360°가 된다는 규칙만 외우면 돼.

 그러네요. 편리하게 잘 써 먹을게요.

 외각의 합이 왜 일정한지 알아볼까? 360°가 된다는 규칙을 생각하지 말고 삼각형, 사각형에 표시된 모든 외각의 합을 구하는 방법을 찾아보렴.

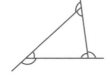

 내각의 합은 180 × (□-2)인데 내각과 외각의 합은 180 × □예요. 이웃한 내각과 외각의 합은 180°인데 이웃한 내각과 외각의 쌍은 꼭짓점의 수만큼 있거든요.

그렇다면 내각과 외각의 합에서 내각의 합을 빼면 외각의 합이 나오겠죠. 식으로 써 보면 180을 □만큼 곱한 수에 180을 □보다 2개 적게 곱한 수를 빼서 답은 $180 \times 2 = 360$입니다.

$$180 \times □ - 180 \times (□-2) = 360$$

외각의 활용

크기와 모양이 같은 사다리꼴을 같은 변끼리 계속해서 이어 붙였더니 도형이 겹치지 않고 마지막에 변과 변이 만나서 동그란 모양이 만들어졌습니다. 사다리꼴의 개수를 구해 보세요.

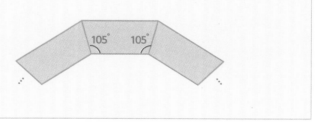

외각을 배웠으니 그걸 이용하면 되겠죠. 똑같은 모양을 붙여서 동그란 모양을 만들었다고 하면 안쪽에 생긴 모양은 정다각형이겠네요. 한 꼭짓점에 105°가 2개 있으면 210°가 되고, 180°를 빼면 안쪽 정다각형의 한 외각이 나와요.

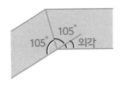

외각의 크기는 30°이고 외각의 합이 360°이므로 30°로 나누었을 때 몫인 12가 꼭짓점의 개수죠.

사다리꼴은 12개입니다.

잘했구나. 외각을 잘 이해했어. 외각은 문제 해결 방법으로 응용하기에 좋단 말이야. 다른 문제 해결 전략을 하나 더 살펴보고 넘어가자.

정다각형의 중심과 꼭짓점을 연결하면 중심이 나누어지는 각이 모두 같음을 이용할 수 있어.

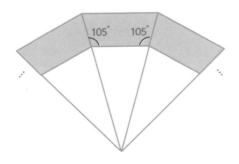

안쪽 정다각형의 중심과 꼭짓점을 이어서 이런 그림을 그리면

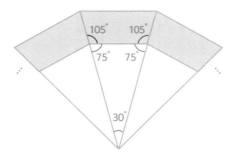

　중심과 만나는 삼각형의 각 30°를 구할 수 있어. 한 바퀴는 360° 이니까 30으로 나누면 중심이 12등분 된다는 것을 알 수 있어. 사다리꼴이 12개이고 안쪽 도형은 정십이각형이 된다는 사실을 알게 되지.

둘레와 넓이

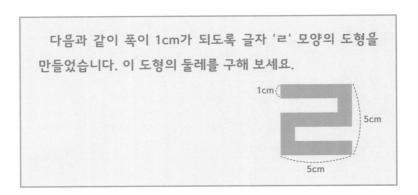

도형에 대한 문제에서도 문제 해결 전략은 매우 중요해. 사실 수학은 평범한 문제를 누가 더 생각해 보면서 해결해 왔느냐가 심화 문제를 해결할 수 있느냐 못 하느냐를 결정하기도 해.

직사각형으로 채워서 둘레 구하기

다음과 같이 폭이 1cm가 되도록 글자 'ㄹ' 모양의 도형을 만들었습니다. 이 도형의 둘레를 구해 보세요.

1cm

5cm

5cm

변 하나 하나의 길이를 구해서 더하면 되잖아요.

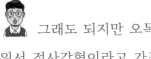 그래도 되지만 오목한 부분을 채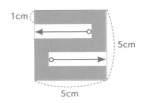
워서 정사각형이라고 가정하여 해결하
는 방법도 있어.

오른쪽 그림과 같이 일부 변을 이동시
켜서 오목한 부분을 채운다고 가정하면 $20cm + 4cm \times 4 = 36cm$
정사각형이 되잖아. 정사각형의 둘레는
20cm이지. 그런 다음 오목한 부분의 깊이만 둘레에 더해 주면 되
는 거야.

'그냥 더하면 될 텐데' 하는 생각은 접어 둬. 그림으로 표현해서
그렇지 실제로는 머릿속으로도 계산이 가능하니까. 같은 방법으
로 해결할 수 있는 경우를 한 가지 더 보자.

다음 도형의 둘레를 구하시오.

3cm

4cm

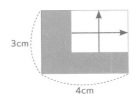 이 문제를 보니 이해가 되네요. 다
른 변의 길이는 알 수 없지만 둘레는 구

할 수 있는 문제에요. 오목한 부분을 채워서 직사각형으로 보면 둘레는 14cm예요.

 좀더 어려운 형태로 나오기도 해.

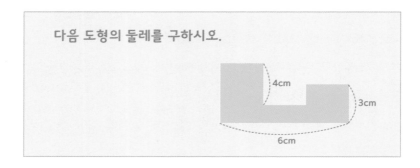

다음 도형의 둘레를 구하시오.

4cm

3cm

6cm

 그렇네요. 하지만 방법을 가르쳐 주셨으니 한번 도전해 볼게요. 직사각형으로 가정하여 차이를 관찰하면 직사각형의 둘레에 오목한 부분의 깊이에 해당하는 빨간색 길이만 더하면 되겠네요. 아! 길이가 4cm인 변과 길이가 3cm인 변의 합이 직사각형의 세로와 빨간색 동그라미로 표시된 변의 합과 같아요.

그럼, 둘레는 (4cm + 3cm + 6cm) × 2 = 26cm.

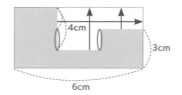

격자 위의 넓이

 넓이의 단위 모양은 정사각형이야. 넓이가 $5cm^2$인 도형은 한 변의 길이가 1cm인 정사각형 5개가 들어가는 넓이를 나타내. 격자 위의 도형은 작은 정사각형 한 칸을 1이라고 할 때 정사각형이 몇 개가 들어가는 지로 넓이를 나타내지.

다음에서 작은 정사각형의 넓이를 1이라고 할 때 색칠한 도형의 넓이를 구해 봐.

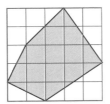

먼저 완전하게 들어가 있는 정사각형을 세면 그림과 같아요. 나머지는 1이 되는 것끼리 짝지어야 할 것 같은데…….

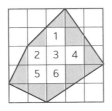

잘못 생각했어. 이렇게 해도 구할 수 있는 경우도 있지만

이 방법은 시간도 많이 걸리고 모양에 따라서는 넓이를 정확하게 구할 수 없어. 그보다 다음 그림의 굵은 선을 따라 잘라서 생각해 보렴.

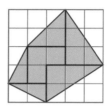

 나누어 놓은 영역의 넓이를 각각 구하면

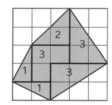

1 + 2 + 3 + 3 + 3 + 1 = 13, 넓이가 13이네요. 아빠, 이렇게 넓이를 구할 수 있도록 도형을 자르는 특별한 방법이 있나요?

응 있구말구. 직각삼각형은 직사각형 넓이의 반이 되기 때문에 넓이를 구하기가 쉬워. 아빠가 자른 방법은 도형의 변을 포함한 직각삼각형으로 자른 것이야. 처음에는 어렵게 느껴질 수 있는데 몇 번 연습해 보면 좋은 방법이라는 것을 알 수 있어.

다음 직사각형의 넓이도 구해 볼까?

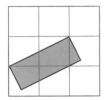

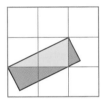 보통 격자 위 도형의 넓이를 구할 때에는 도형의 꼭짓점이 격자 위의 점과 만나는데 이 그림은 두 개의 꼭짓점은 점과 만나지만 나머지 두 개는 그렇지 않네요. 아! 알았다. 이것도 잘라서 생각해 볼 수 있어요.

노란색은 정사각형 2개를 반으로 자른 직각삼각형인데 아래 그림과 같이 점선으로 나누어서 생각하면 연두색은 노란색과 넓이가 같아요. 그러니까 이 직사각형의 넓이는 2가 되네요.

무조건 직각삼각형과 정사각형으로 잘라서 넓이를 구할 수 있는 것은 아니야. 다음 도형의 넓이를 구해 봐.

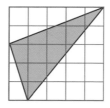

그러네요. 이 도형은 직각삼각형으로 자를 수가 없어요. 이런 경우는 어떻게 해야 할까요?

채워서 구하는 거야. 삼각형을 포함하는 직사각형을 찾고, 삼각형이 아닌 부분의 넓이를 빼면 돼.

삼각형이 아닌 부분은 세 개의 직각삼각형으로 나뉘네요. 위쪽 직각삼각형은 세로 2, 가로 5인 직사각형의 반이니까 넓이가 5. 오른쪽 직각삼각형은 세로 5, 가로 4인 직사각형의 반이니까 넓이가 10. 왼쪽 직각삼각형은 세로 3, 가로 1인 직사각형의 반이니까 넓이가 1.5. 전체 직사각형의 넓이에서 이 부분들을 빼면 25-5-10-1.5＝8.5 색칠된 도형의 넓이는 8.5예요.

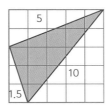

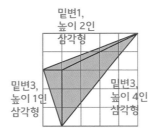

　　　　　다른 방법도 있긴 해. 5학년에 나오는 삼각형의 넓이를 구하는 공식을 배우고 나면 길이와 높이를 알 수 있는 삼각형으로 잘라서 넓이를 구할 수도 있어.

　이 방법을 사용하려면 삼각형의 넓이를 구하는 공식인 (밑변) × (높이) ÷ 2를 알아야 해. 그런데 공식을 안다고 해도 저렇게 자르는 선을 찾는 것은 쉬운 일이 아니야. 채워서 구하는 것이 더 쉬울 수도 있지.

자른 도형과 붙인 도형의 둘레

 이번에는 자른 도형과 붙인 도형의 둘레를 구해 볼까?

다음은 가로 8cm, 세로 6cm인 직사각형을 세로로 두 번, 가로로 한 번 자른 것입니다. 6개 직사각형의 둘레의 길이의 합을 구해 보세요.

 어느 부분을 잘랐는지 가르쳐 주지도 않고 여섯 조각의 둘레 길이의 합을 구하래요. 어떻게 해야 하나요?

 잘라 놓은 조각의 변의 길이를 하나씩 구하려고 하면 답을 찾을 수가 없어. 도형 문제에서 길이나 각을 구할 때 눈에 보이는 것을 하나하나 구해서 답을 찾으려고 하면 풀 수 없는 문제가 있어. 앞에 직사각형으로 채워서 둘레를 구하는 문제도 그런 내용이었고 이 문제 역시 그렇지.

그림에서 빨간색 선과 파란색 선의 길이를 생각해 볼까?

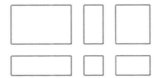

빨간색 선은 옆으로 나란히 있는 3개 선의 길이 합이 원래 직사각형의 가로와 같고 파란색 선은 위로 나란히 있는 2개 선의 길이의 합이 원래 직사각형의 세로네요.

그렇다면 $8 \times 4 + 6 \times 6 = 68$cm예요.

맞아. 원래 직사각형을 가로로 한 번 자르면 가로 길이가 2개가 더 생기고 세로로 한 번 자르면 세로 길이가 2개가 더 생겨. 한 번 자르면 자른 만큼의 길이가 2개 생기지.

넓이와 둘레의 관계를 살펴볼까? 한 변의 길이가 1인 정사각형 12개를 붙였을 때 가장 작은 둘레와 가장 큰 둘레의 길이를 구해 봐.

가장 큰 둘레는 이웃한 정사각형을 한 번씩 붙인 모양이에요. 그림과 같이 다양한 모양이 나올 수 있어요. 둘레의 길이는 붙이지 않은 12개의 정사각형의 둘레 사이 사이 11군데를 붙여서 사라지는 변의 길이를 빼면 돼요.

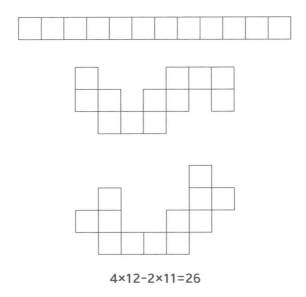

4×12-2×11=26

가장 짧은 둘레는 정사각형처럼 똘똘 뭉친 모양이 될 때에요.
바로 가로 4, 세로 3의 직사각형 둘레죠.

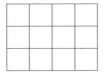

(4+3)×2=14

06

차의 숨은 규칙

배수와 차

 수학을 공부하다 보면 어떤 원리를 깨달으면서 갑자기 복잡하던 문제가 간단하게 해결되는 경우가 있어. 차를 이용하는 것도 그런 경우 중 하나야. 수의 차를 관찰했을 때 규칙이 있는 경우가 종종 있거든. 그런 종류의 문제를 살펴보면서 어떤 원리로 문제가 간단하게 해결될 수 있는지 알아볼까?

> 1. 수지의 나이는 13세이고 아버지의 나이는 45세입니다. 아버지 나이가 수지 나이의 3배가 되는 것은 지금으로부터 몇 년 뒤입니까?

2. 규종이와 규성이는 각각 3000원과 1500원을 가지고 문방구에 가서 연필을 다섯 자루씩 샀습니다. 규종이한테 남은 돈이 규성이한테 남은 돈의 4배였다면 연필은 한 자루에 얼마입니까?

 1번은 몇 년 뒤를 ★라고 하고 식을 세워서 풀겠어요.

몇 년 후, 수지 나이 = 13+★

아버지 나이 = 45+★

아버지 나이가 수지 나이의 3배라고 했으니까

(13+★)×3 = 45+★

앞에서 배운 것처럼 (13+★)×3는 (13+★)가 3번 더해진 것과 같으니

39+★×3 = 45+★

양변에 ★과 39를 똑같이 빼 주면

★×2 = 6

★ = 3, 3년 후가 되는군요.

식을 세워서 잘 풀었구나. 그런데 나이의 성질을 이용하면 더 간단하게 문제를 해결할 수 있단다. 수지와 아버지의 나이는 몇 살 차이 나지?

32살이죠.

 그럼 몇 년이 지난 후에 수지와 아버지의 나이 차이는 어떻게 될까?

 역시 32살이죠. 몇 년이 흐른다고 해서 나이 차이가 변하지는 않아요.

수지 　아버지

 바로 그거야. 현재나 몇 년 후나 나이 차이는 같아. 차이를 알고 몇 배라는 조건이 들어갈 때 그림을 그려서 표현하면 쉽게 알 수 있다는 것을 앞에서 공부했지? 아버지 나이가 수지 나이의 3배가 되는 때는 두 사람 나이의 차이가 수지 나이의 2배가 되는 때야. 두 사람의 나이 차이가 32살이면 나이 차가 3배가 될 때 수지의 나이가 16살임을 알 수 있어. 현재 13살이니까 구하고자 하는 답은 3년 후가 되겠지. 어때? 나이의 차에 대한 성질을 알고 있으니까 문제가 훨씬 간단해지지? 두 번째 문제에도 이 원리를 활용해 보렴.

 두 사람이 똑같은 연필 다섯 자루를 샀으면 처음에 가지고 있던 돈의 차는 변하지 않아요. 두 사람 돈의 차는 1500원이고 규종이가 규성이의 4배를 가지고 있다고 했으니 두 사람 돈의 차가 규성이가 가진 돈의 3배가 되겠네요.

1500을 3으로 나눈 500이 규성이가 가진 돈이고, 처음 가지고 있던 1500에서 500을 빼면 연필을 산 돈은 1000원. 연필을 다섯 자루 샀으니 한 자루에 200원이에요. 오, 정말 좋은 방법이에요. 간단한 계산만 몇 번 하면 되니 실수할 일도 거의 없겠어요.

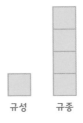

두 조건 사이의 차

차를 이용하여 문제를 해결하는 방법의 가장 기본은 두 조건 사이에 같은 것의 개수나 가격, 무게 등의 차를 이용하는 것이야. 다음 문제를 살펴보자.

1. 사과 3개와 배 2개는 10800원이고 사과 1개와 배 2개는 6800원입니다. 사과와 배의 가격을 구해 보세요.

10800원

6800원

2. 컵에 우유를 가득 따르고 무게를 쟀더니 610g이고, 우유 절반을 마시고 다시 무게를 쟀더니 465g입니다. 컵의 무게를 구해 보세요.

이런 문제는 많이 풀어 봐서 잘할 수 있어요. 1번 문제는 조건 앞뒤에서 사과 개수가 2개 차이 나는데 가격은 4000원 차이가 나므로 사과 1개는 2000원이에요. 오른쪽 접시에서 사과 1개의 가격을 빼면 4800원이고 배 1개는 2400원이네요.

2번 문제도 풀어 볼래?

2번 문제도 많이 풀어 본 문제예요. 우유를 마시기 전과 마신 후의 차이가 우유 양의 절반이고 전체 무게의 차이는 145g이에요. 컵의 무게 자체는 변하지 않으니까 처음에 있던 우유의 양은 145g의 2배인 290g이에요. 처음 컵의 무게에서 우유의 무게를 빼면 컵의 무게를 구할 수 있죠. 610−290＝320g이에요.

그래, 개수나 양의 차이만큼 가격이나 무게가 차이 난다는 사실을 이용해서 문제를 해결하면 되겠지? 두 조건 사이에 다른 것의 차이를 발견하여 해결할 수 있는 경우도 있어. 문제를 더 풀어 보자.

1. 과녁에 화살을 3개 던져 한 번은 13점을 얻었고 한 번은 11점을 얻었습니다. 이 과녁에 화살을 3개 던져서 얻을 수 있는 최고 점수는 무엇일까요?

13점   11점

2. 가+나=17, 나+다=21, 다+가=16을 만족하는 가, 나, 다를 각각 구하시오.

화살이 꽂힌 자리와 점수를 살펴보면 ㉠ 2개와 ㉡ 1개에 13점, ㉠ 1개와 ㉡ 2개에 11점이에요. 점수는 2점 차이인데 과녁은 어떻게 차이 난다고 해야 할까요?

차이를 살펴볼 때는 같은 것을 없애고 보면 편리해. 두 경우에 같은 것은 무엇일까?

㉠ 1개와 ㉡ 1개는 공통인데 이걸 말씀하시는 건가요? 이게 공통이라면…… 아하, ㉠ 1개와 ㉡ 1개가 같으니 없애고 생각하면 ㉠ 1개와 ㉡ 1개의 차이가 2점이라는 말이네요. ㉠이 2점 높은 거네요.

첫 번째 과녁의 ㉠ 2개와 ㉡ 1개에서 ㉡ 1개를 ㉠ 1개로 바꾸면 ㉠ 3개가 되지? 이때 점수는 어떻게 될까?

㉠ 1개가 ㉡ 1개보다 2점 높으니까 13점이 15점으로 바뀌어요. 그럼 ㉠이 5점이고, ㉡이 3점이네요. 화살 3개로 받을 수 있는 가장 높은 점수는 ㉠에만 3개 꽂혔을 때인 15점이네요.

2번 문제를 푸는 특별한 방법을 배운 적이 있어요. 서로 다른 2개의 합이 주어지면 모두 한꺼번에 생각해 보라는 거예요. 양팔저울의 두 접시 위에 세 식의 왼쪽, 오른쪽을 한꺼번에 올린다고 생각하면 가＋가＋나＋나＋다＋다＝54이고 가＋나＋다＝27이에요.

원래 세 식과의 차이를 차례로 살펴보면 다＝10, 가＝6, 나＝11이에요.

모두 한 번에 더하는 방법을 배웠구나. 아빠는 그 방법을 사용하는 것이 아니라 두 조건에서 다른 것의 차이를 이용해 보자고 한 거야. 첫 번째 식과 두 번째 식에서 알 수 있는 차는 무엇일까?

가+나=17, 나+다=21

나는 똑같이 있으니까 가와 다의 차가 4이고 다가 더 커요.
맞아요?

응 맞았어. 세 번째 식에서 알아낼 수 있는 것을 찾아봐.

다 + 가 = 16에서 가를 다로 바꾸면 4가 커져야 하니까 다 +
다 = 20이고 다는 10이네요. 아까 해 본 방법과 같은 답이 나왔어
요.

따라잡기

 이번에는 응용 문제를 해결해 볼까?

> 큰 아버지의 나이는 51세이고 세정, 세영, 세연이의 나이
> 는 각각 15살, 12살, 10살입니다. 큰 아버지의 나이가 세 조
> 카 나이의 합과 같아지는 것은 몇 년 뒤입니까?

이건 1명과 3명의 차이라서 똑같은 원리를 적용할 수 없겠
는걸요. 하지만 최대한 간단하게 해결하기 위해서 조건을 다시 살
펴보면 큰 아버지는 매년 1살씩 나이가 늘어나고, 3명의 조카 나

이의 합은 3살씩 늘어나요. 그럼 매년 나이 차이가 2살씩 줄어들겠네요. 현재의 나이 차는 51 − (15 + 12 + 10) = 14이니까 14를 2로 나누면 7년 후에 나이가 같아져요.

훌륭하다. 그런데 나이의 차이가 변하지 않는다는 규칙만 활용할 수 있는 것이 아니야. 차가 일정하게 줄어드는 것을 이용해서 문제를 해결할 수도 있지. 이렇게 차를 일정하게 줄여가는 것은 거리와 속력에 관계된 문제가 많아. 이런 문제를 차를 따라잡는다고 해서 '따라잡기'라고도 하지.

같은 원리를 거리와 속력에 관한 문제로 살펴보자.

1. 동생이 집에서 할머니 댁으로 출발하고 5분 뒤 형이 뒤따라 출발하였습니다. 동생은 2분에 60m를 가고 형은 1분에 40m를 가면 두 사람이 만나게 되는 것은 몇 분 뒤일까요? (단 동생은 할머니 댁에 도착하기 전에 형을 만나게 됩니다.)

2. 재명이와 희연이는 150m 떨어진 곳에 삽니다. 두 사람은 서로의 집 사이에서 만나기로 하고 재명이는 10초에 10m의 속력으로 희연이는 10초에 5m의 속력으로 서로의 집으로 가고 있습니다. 두 사람이 동시에 출발했다면 몇 초 뒤에 만나게 될까요?

1번 문제를 살펴보면 동생이 1분에 30m를 가니까 5분 후에 이미 150m를 가 있어요. 형은 1분에 40m, 동생은 30m를 가니까 1분에 10m씩 차이가 줄어들고요. 150m를 따라잡으려면 15분이 걸리겠네요.

2번 문제는 조금 다른데요? 따라잡는 것이 아니라 150m를 사이에 두고 서로 다가가고 있으니까 두 사람 속력을 더한 만큼 거리가 줄어들겠어요. 재명이는 10초에 10m, 희연이는 10초에 5m를 가니까 두 사람은 10초에 15m씩 가까워져요. 150m를 가서 만나려면 100초 후가 되겠네요.

 한 문제만 더 살펴보도록 하자.

200m 둘레의 호수가 있습니다. 서연이와 희정이는 호수의 한 지점에서 출발해서 호수 둘레를 산책하기로 했어요. 서연이는 10초에 10m를 가고 희정이는 10초에 15m를 갑니다. 두 사람이 서로 반대 방향으로 출발할 때와 같은 방향으로 출발할 때 각각 얼마의 시간이 지나야 다시 만나게 될까요?

반대 방향으로 출발할 때는 바로 앞에서 서로를 향해 가는 문제와 비슷하네요. 두 사람이 만나게 되면 움직인 거리의 합이 호수 둘레가 되는 거죠. 그럼 200m를 10초에 25m씩 서로를 향해 간 거에요. 200m ÷ 25m = 8, 8 × 10초 = 80초가 되네요.

같은 방향으로 출발하면 빨리 가는 사람이 먼저 가 버리니까 따라잡기와는 좀 다른 것 같은데요? 각자 돌다가 빨리 가는 사람이 추월하면서 다시 만나게 되는 것까지는 알겠는데 거리를 어떻게 따져 봐야 하는지 모르겠어요.

같은 방향으로 달려서 다시 만날 때까지 더 빠른 희정이가 서연이보다 얼마나 더 걸었을까?

한 바퀴를 더 걸었겠죠. 먼저 한 바퀴를 돌아와서 만나게 돼요.

그럼 출발할 때를 생각하면 희정이가 서연이보다 한 바퀴 더 가는 데 걸리는 시간을 구하는 것이 되겠지. 희정이는 10초에 5m를 더 가니까 200m를 더 가게 되는 데까지 걸린 시간을 구하면 되는 거야. 200m ÷ 5m = 40, 40 × 10초 = 400초가 되는구나.

남고 부족한 관계

 아빠, 이 문제 좀 설명해 주세요. 식으로 겨우 해결하긴 했는데 복잡해요. 간단하게 풀 수 있는 실마리가 있을 것 같은데…….

사탕을 한 사람당 3개씩 나누어 주면 10개가 남고 6개씩 나누어 주면 14개가 부족하다고 합니다. 사람과 사탕의 수를 각각 구해 보세요.

이 문제 역시 조건의 차에 따른 변화를 살펴보면 돼. 3개씩 나누어 주는 것보다 6개씩 나누어 줄 때 사탕을 얼마나 더 나누어 주는 게 될까?

사람 수에 사탕 3개를 곱한 만큼 더 나누어 주게 되죠.

사탕의 개수도 바로 알 수 있어. 3개씩 나누어 주다가 6개씩 나누어 주니까 10개가 남았던 사탕을 모두 주고도 14개가 부족하다고 했지? 그럼 3개씩 나누어 주고 3개씩 더 나누어 주는데 24개의 사탕이 필요하다는 말이 되겠지. 그러니 사람은 8명이라는 것을 알 수 있어. 사람 수를 알게 되면 3개씩 나누어 주는데 10개가 남는다고 했으니 사탕의 수는 8 × 3 + 10 = 34개가 되는 거야. 나누어 주는 개수의 차에 따라 사탕이 얼마나 더 필요한지를 관찰하는 문제란다.

응용 문제를 하나 더 풀어 볼까?

> 음악실에 긴 의자가 있습니다. 학생들이 한 의자에 3명씩 앉으면 5명은 자리가 없어서 서 있어야 하고, 5명씩 앉으면 1개의 의자는 비어 있게 됩니다. 어느 경우에도 학생들이 앉아 있는 의자에는 빈 자리가 없을 때 의자와 학생의 수를 각각 구하시오.

 문제가 더 복잡해졌는데요?

 3명씩 앉다가 5명씩 앉게 되었네. 2명씩 더 앉으면서 모두 몇 명이 더 앉게 되었을까?

 서 있던 5명이요. 그런데 1개의 의자는 비어 있다니까 5명이 더 앉을 수 있는 자리가 남아 있다는 말이네요. 그러니까 모두 10명이 앉을 수 있는 자리가 만들어졌다는 거네요.

혹시 비어 있는 의자에 앉아 있던 사람은 3명이었을 텐데 서 있던 사람 5명에 3명을 더해서 8명의 자리가 만들어진 게 아닐까?

아니에요. 3명씩 앉은 경우와 비교해서 자리가 몇 개 늘어난 것인지를 보면 10명의 자리가 만들어진 것이 맞아요. 2명씩 더 앉는데 10명의 자리가 늘어난 것이고요. 그럼 의자는 모두 5개, 사람은 3명씩 앉았을 때로 계산해 보면 의자 5개 × 사람 3명씩 + 서 있는 5명 = 20명이네요.

5명씩 앉았을 때로 검산해 보면 의자 4개 × 사람 5명씩 = 20명.

맞았단다.

132

07

속력이 커지면 거리는 늘고
시간은 줄어요

거리, 속력, 시간

초등수학 4학년 교과 과정에 나오기 시작해서 지속적으로 나오는 문제 중 하나가 거리와 속력에 관련된 문제야. 학생들이 어려움을 겪는 유형이지만 거리와 속력, 시간과의 관계를 알고 문제의 조건을 파악하면 그리 어렵지 않게 해결할 수 있어. 이런 문제에는 어떤 원리가 숨어 있는지 알아보도록 하자. 먼저 문장이 긴 문제에 도전해 볼까?

민경이와 재명이네 집은 2km 떨어져 있습니다. 민경이와 재명이는 중간에서 만나기로 하고 각자의 집에서 동시에 출발하였습니다. 민경이는 1분에 50m를 걷고 재명이는 1분에 30m를 걷습니다. 민경이가 데리고 나온 고양이가 민경이가 집을 나설 때 1분에 100m의 빠르기로 재명이를 향해 달리기 사작했습니다. 재명이를 만나면 다시 민경이를 향해 달리고 민경이를 만나면 재명이를 향해 달리기를 반복했습니다. 민경이와 재명이가 만날 때까지 고양이가 달린 거리는 몇 m일까요?

복잡하네요. 고양이가 재명이에게 달려간 거리와 다시 민경이를 향해 달린 거리라니……. 이걸 어떻게 구하죠?

아빠랑 같이 생각해 볼까? 구하고자 하는 것은 고양이가 달린 거리지? 출발해서 만날 때까지 전체를 한꺼번에 생각하면 편하단다. 고양이가 달린 거리를 구하려면 무엇을 알아야 할까?

전체를 한꺼번에 생각한다고요? 한꺼번에 구하려면 고양이가 달린 속력과 전체 시간을 알아야 하잖아요. 속력은 1분에 100m라고 나와 있지만 시간은 안 나와 있어요.

고양이가 달린 시간은 다른 조건을 이용하여 구해야겠구나. 고양이는 언제부터 언제까지 달렸을까?

민경이와 재명이가 출발할 때부터 만날 때까지요.

그럼 민경이와 재명이가 각자 출발해서 만날 때까지 걸린 시간을 구해야겠구나. 그러기 위해서는 두 사람 사이의 거리와 각자의 속력을 알아야겠지? 한번 구해 보렴.

앞에서 공부한 것이네요. 민경이와 재명이 집 사이의 거리는 2km이니까 2000m로 생각하고 두 사람은 각각 1분에 50m, 30m로 움직이고 있으니까 1분에 80m씩 가까워지고 있어요. 두 사람이 만날 때까지 2000÷80=25분이 걸리네요.

25분이 고양이가 달린 시간과 같으니까 고양이가 달린 거리는 25×100=2500m에요. 왔다갔다한다는 조건보다는 전체 달린 거리를 구하기 위해서 속력과 전체 시간을 구하면 되는 문제네요.

거리, 속력, 시간을 구하는 문제는 세 조건 사이의 관계를 이용해서 하나를 구하기 때문에 다른 두 조건이 어떻게 되는지를 살펴보면 쉽게 해결 방법을 찾을 수 있단다. 그럼 거리, 속력, 시간 사이에는 어떤 관계가 있는지 알아볼까?

　　길이, 넓이, 속력 등 양이나 크기를 재는 것을 측정이라고 합니다. 측정은 단위의 의미와 유래에 대해서 잘 알고 있어야 합니다.

　　예를 들면 cm는 길이의 단위인데 cm²는 넓이의 단위지요. cm²라는 단위는 cm×cm라는 뜻이랍니다. 단위를 이렇게 표현한 이유는 넓이를 가로×세로로 구하기 때문입니다. 어떤 길이의 가로가 세로만큼 쌓여서 만들어진다는 뜻이지요.

　　속력은 km/h라는 단위를 사용합니다. 1시간당 몇 km를 가느냐는 의미입니다. 그러니까 '속력 = 거리÷시간'이라는 뜻이기도 합니다.

$$속력 = \frac{거리}{시간} \ (km/h)$$

　　속력 $= \dfrac{거리}{시간}$ 이니까 등식의 원리를 이용해서 양변에 시간을 곱하면 속력 × 시간 = 거리가 되는 거야. 이 식에서 다시 양변을 속력으로 나누면 시간 = 거리÷속력이 된다는 것을 알 수 있어.

　　혹시 헷갈릴 때에는 가장 기본적인 원리부터 생각해야 해. 바로 속력이 늘어나면 거리는 늘어나고 시간은 줄어든다는 것이야.

거리와 속력, 시간의 관계

간혹 문제집을 보면 거리와 속력, 시간을 구하는 공식을 오른쪽 그림으로 설명하는 경우가 있습니다. 속력을 구하려면 원 안에서 속력을 빼서 속력 = $\dfrac{거리}{시간}$,

$$\boxed{\begin{array}{c} 거리 \\ \hline 속력 \times 시간 \end{array}}$$

거리를 구하려면 원 안에서 거리를 빼서 **거리 = 속력×시간**, 시간을 구하려면 원 안에서 시간을 빼서 **시간 = $\dfrac{거리}{속력}$** 로 알아두면 편리하다고 소개하고 있어요. 이렇게 공식을 외우면 편리하기는 하지만 이것만으로 거리와 속력, 시간의 관계를 파악하는 데에는 한계가 있답니다.

공식을 외우기에 앞서 기본적인 원리를 반드시 알아야 합니다.

속력은 1시간 동안 몇 km의 거리를 갔는지를 나타내는 것이므로 거리를 시간으로 나눈 것입니다. 2시간 동안 간 거리를 2로 나누면 1시간에 얼마의 거리를 간 것인지 알 수 있습니다.

거리는 속력이 커질수록 시간이 길어질수록 커집니다. 얼마의 속력으로 몇 시간을 갔는지를 곱하면 거리를 구할 수 있습니다.

속력은 1시간 동안 간 거리이므로 몇 시간이 걸렸는지 알기 위해서는 거리를 속력으로 나누면 됩니다. 10km를 1시간에 가는 속력으로 30km거리를 갔다면 30km는 10km의 3배이므로 3시간이 걸리는 것입니다.

함정이 있는 문제

 이제 함정이 있는 재미있는 문제에 도전해 볼까?

> 1초에 15m의 속력으로 달리는 150m 길이의 기차가 540m
> 길이의 철교를 통과하는 데 걸리는 시간을 구해 보세요.

 540m를 1초에 15m의 속력으로 갔다면 540÷15＝36초가
걸리네요.

 함정이 있다고 했지? 아래 그림을 보자. 기차의 앞부분이
철교에 들어설 때와 뒷부분이 완전히 빠져나가는 순간을 나타낸
그림이야. 기차가 철교를 통과하는 데 걸린 시간은 그림의 두 순
간 사이를 말하는 거지.

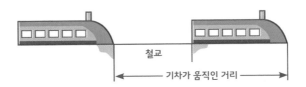

기차의 앞부분을 보렴. 얼마나 움직였니?

철교의 길이에서 기차의 길이를 더한 만큼 더 움직였네요. 그럼 540m를 간 것이 아니고 실제로는 150m를 더한 690m를 간 것이네요. 통과하는 데 걸린 시간은 690÷15 = 46초이고요.

그렇지. 때로는 기차가 터널에 들어가서 보이지 않는 순간부터 기차가 반대 방향으로 나오기 시작하는 순간까지의 시간을 구하라는 문제도 나와. 그럴 때는 기차의 뒷부분이 들어가는 순간부터 기차의 앞부분이 나오는 순간까지를 구해야 하니까 터널의 길이에서 기차의 길이를 뺀 거리를 생각해 구하면 돼.

한 문제 더 살펴보자.

일정한 속력으로 달리는 기차가 길이 540m의 철교를 통과하는 데에는 40초가 걸리고 길이 420m의 터널을 통과하는 데에는 32초가 걸립니다. 기차의 길이와 속력을 구해 보세요.

기차의 길이와 속력, 두 가지를 다 모르네요. 식을 세워서 해결해 볼게요. 터널의 길이도 고려해야 하니까 기차 길이를 구하는 식을 세우기가 쉽지 않네요. 기차의 길이를 □라고 하고 기차의 속력을 구하는 식을 세우면

철교를 통과할 때 걸리는 속력 = (540 + □) ÷ 40

터널을 통과할 때 걸리는 속력 = (420 + □) ÷ 32

일정한 속력으로 달린다고 했으니까 두 식이 같다고 하면

(540 + □) ÷ 40 = (420 + □) ÷ 32

이 식을 풀어서…….

잠깐! 그렇게 하면 답을 구할 수는 있겠구나. 식을 푸는 방법을 잘 배우면 문제를 풀 수 있겠지만 우린 좀더 쉽게 이 문제를 해결할 수 있는 조건을 찾아보자. 차를 이용하는 거야.

먼저 철교를 지날 때와 터널을 통과할 때를 비교해 보자. 터널을 통과할 때보다 철교를 통과할 때 8초가 더 걸리니까 120m를 더 간다는 것을 알 수 있지. 물론 두 경우 다 기차의 길이만큼을 더 가야 하지만 철교와 터널의 길이 차가 기차가 간 거리의 차가 되는 거야. 그러면 120 ÷ 8 = 15m/s가 기차의 속력이 되지.

기차의 속력을 알았으니 철교를 통과하는 경우와 터널을 통과하는 경우 중 걸리는 시간이 더 짧은 경우를 택하여 기차의 길이를 구해 보자. 터널을 통과하는 경우에 420m 터널에 기차의 길이만큼을 더 가는 데 32초가 걸린 것이니까……. 이건 식을 세워서 해결해야겠다. 기차의 길이를 □라고 하면

420 + □ = 15×32
420 + □ = 480
□ = 60m

 둘을 비교해서 차를 이용할 수 있다는 생각을 못 했네요. 저는 아직 더 배워야 하나 봐요.

 문제를 해결하기 전에 조건과 조건 사이의 관계를 이용하면 더 간단하게 해결할 수 있는 방법이 있는지 항상 고민해 봐야 해. 그러면 많은 발전이 있을 거야.

08

긴바늘과 짧은바늘의 달리기

시계와 속력

한 가지 원리를 배웠을 때 다른 문제 같지만 같은 원리가 적용되는 문제를 알아차리는 눈도 필요해. 속력 문제와 다른 문제 같지만 같은 원리로 푸는 문제를 살펴보자.

> 1시간에 2분씩 빨리 가는 시계를 오늘 낮 12시에 정확히 맞춰 놓았습니다. 이 시계가 처음으로 정확한 시각을 가리키는 때는 며칠 후 몇 시일까요?

1시간에 2분씩 계속 빨리 가는 거죠? 정확한 시각을 가리키려면……. 아! 한 바퀴 돌아오면 되겠네요. 12시간이 빨라지면 돼요.

1시간에 2분씩 빨라지는데 720분이 빨라져야 하니까 360시간 후가 되고, 하루는 24시간이니 15일 후 낮 12시가 정답이에요.

이 문제를 풀어 본 이유는 두 가지야. 첫 번째는 거리와 속력 문제처럼 시계는 1시간에 2분을 가는 속력으로 720분의 거리를 간다고 생각할 수 있다는 것을 깨닫기 위해서야. 두 번째 이유는 거리와 속력에 관한 문제나 이 문제는 사실 비에 관한 문제라는 것을 이야기하기 위해서야.

1시간에 2분씩 빨라지면 2시간에는 4분씩 빨라지고, 3시간에는 6분씩 빨라지겠지? 이렇게 시간이 늘어나는 양만큼 빨라지는 시간도 일정하게 늘어난다는 것을 이용해서 문제를 해결할 수 있다는 것이지.

시계 문제는 각도와 관련하여 나오는 경우도 많아. 이 경우 역시 거리와 속력 문제로 바라봐야 해. 아래를 풀어 보자.

5시 10분에 긴바늘과 짧은바늘이 이루는 작은 각의 크기를 구해 보세요.

시계를 그려 봐야 할 것 같아요.

 그렇게 한 번 해 보렴.

 그렸어요. 5시 10분 시계.

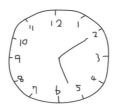

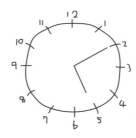 잘 그렸다고 하기 어려운데? 수학 문제를 풀다 보면 시계를 그려서 생각해 보아야 할 때가 있어. 네가 그린 시계는 너무 사실적이야. 미술 시간에 그리는 시계가 아니라 수학 시계를 그려야지. 수학 시계는 단순하면서도 문제의 조건을 확인하는 데 도움이 되는 모양이어야 해. 아빠가 그리는 원칙을 알려 줄게. 첫째 수는 바깥에 쓰고, 둘째 눈금은 안팎으로 걸쳐서 빠르게 그리는 거란다.

특히 시계와 함께 나오는 각도 문제는 바늘의 위치를 잘 따져 봐야 하기 때문에 바늘과 눈금 사이를 가깝게 그릴 수 있는 시계가 문제를 푸는 데 도움이 돼. 다시 문제를 풀어 보겠니?

그림에서 2시와 5시 사이가 90°이고 시침은 10분 동안 움직였어요. 시침은 본래 60분 동안 30°를 움직이는데 10분 동안 움직였으니 5° 움직인 거예요. 시침과 분침 사이의 작은 각의 크기는 95°라는 것을 알 수 있어요.

시계 문제는 비로 생각하고 해결할 수도 있어. 시침이 60분 동안 30°를 움직이니까 10분 동안에는 5°를 움직였다고 추측할 수 있지. 이런 과정은 비에 대해 잘 이해하고 있다면 얼마든지 적용해 볼 수 있어.

긴바늘과 짧은바늘의 달리기

 긴바늘과 짧은바늘의 달리기 문제를 풀어 볼까?

운동장에서 긴바늘과 짧은바늘이 달리기를 하고 있어. 긴
바늘은 1초에 6m, 짧은바늘은 1초에 0.5m를 가. 짧은바늘
이 30m 앞서 있다면 둘이 만나는 것은 몇 초 후일까?

 앞에서 배운 따라잡기 문제네요. 1초에 5.5m씩 거리가 줄
어들 수 있는데 30m가 줄어들어야 해요. 30÷5.5가 답이 된다는
것은 알겠는데 이 식을 어떻게 푸는지는 모르겠어요.

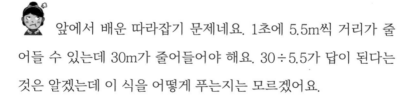 나눌 수가 없으면 분수로 표현할 수밖에 없어.

$$\frac{30(\times 2)}{5.5(\times 2)} = \frac{60}{11} = 5\frac{5}{11}$$ 초가 걸리는 거야.

시계에서 두 바늘의 움직임을 운동장에서 두 사람이 달리기를

하는 것으로 생각하고 따라잡기 방법으로 각도 문제를 해결해 보자.

> 2시와 3시 사이에 짧은바늘과 긴바늘이 일치하는 시각을 구해 보세요.

이건 감을 못 잡겠어요. 따라잡기라는 설명으로는 부족해요. 무엇부터 생각해야 할지 힌트가 필요해요.

2시 정각에서 시작하는 거야. 시계라는 운동장 위에 짧은바늘이 멀리 떨어져 있는데 긴바늘이 12라는 출발선에 서 있는 것과 마찬가지야.

긴바늘은 1분에 6°를 돌고 짧은바늘은 0.5°를 도는데 현재 긴바늘이 60° 떨어져 있다고 생각하라는 거죠? 그럼 1분에 5.5°씩 따라잡는 거네요. 두 바늘이 만나기 위해서는 긴바늘이 짧은바

늘을 60° 따라잡아야 하니까 $\dfrac{60(\times 2)}{5.5(\times 2)} = \dfrac{120}{11} = 10\dfrac{10}{11}$ 분이 걸리는 거네요. 2시 $10\dfrac{10}{11}$ 분이에요.

숫자가 없는 시계

숫자도 없고 눈금도 모두 똑같이 생긴 시계가 그림과 같이 바닥에 놓여 있어. 이 시계가 가리키는 시각을 알 수 있을까?

어렵긴 하지만 재미있네요. 주어진 각을 먼저 따져 보죠. 두 바늘 사이에는 '큰 눈금 사이'가 5개 있어요. 아래 그림을 보면 짧은바늘과 이웃한 큰 눈금 사이의 각은 5°라는 걸 알 수 있어요.

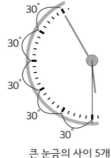

큰 눈금의 사이 5개

큰 눈금과 짧은바늘 사이의 각은 5°

그 5°가 무엇을 나타내는 것일까?

짧은바늘이 1분에 0.5° 움직이니까 5°면 지금이 10분이라는 뜻인 것 같아요.

5°가 10분을 나타내는 것은 맞지만 지금이 10분이라는 뜻이 아니라 시곗바늘이 돌아가서 정각이 되기 10분 전이라는 뜻이야.

아! 그럼 지금이 50분이네요. 50분이면 긴바늘이 가리키는 눈금이 10이네요. 돌아가면서 수를 써 보면 시계가 가리키는 시각은 4시 50분이에요.

시계 바늘의 거리와 속력

문제에서 살펴본 것처럼 시계 바늘의 시침은 1분당 0.5°, 분침은 1분당 6°씩 움직이는 것을 속력이라고 생각하고 각도를 거리라고 생각하면 시계 바늘이 움직이는 것과 관련된 문제를 거리와 속력에 관한 문제로 이해할 수 있습니다.

이런 원리를 적용하면 시계와 관련된 더 어려운 문제도 간편하게 해결할 수 있습니다.

09

착각하기 쉬운 문제

 거리와 속력에 대해 공부하면서 기차가 철교와 터널을 통과하는 문제를 풀어 봤지? 수학 문제 중에는 이렇게 함정이 있는 것들이 많아. 어떻게 보면 재치 있는 문제라고도 할 수 있고 또 어떻게 보면 학생들을 함정에 빠지게 하니까 나쁜 수학 문제라고도 할 수 있지. 하지만 함정만 정확하게 피해가는 법을 안다면 그리 복잡한 문제가 아니라는 걸 알 수 있어.

다음 문제를 해결해 볼까?

1. 무인 우주 탐사선이 있습니다. 이 우주 탐사선은 속도가 계속해서 빨라져서 지구에서 어느 날까지 온 거리만큼을 다음 날 하루 동안 갑니다. 아래 그림에서 우주 탐사선이 현재 ㉠별을 지나고 있다면 2일 전에는 어느 별을 지나고 있었을까요? 단 그림에서 지구를 포함한 별 사이의 거리는 모두 같습니다.

㉠　　㉡　　㉢　　㉣　　지구

2. 연못의 개구리밥은 매일 2배로 번식을 해서 전날의 2배만큼 연못을 채웁니다. 개구리밥을 1개 심었더니 8일 후 연못이 가득 찼습니다. 개구리밥을 2개 심을 경우 개구리밥이 연못을 가득 채우는 데 걸리는 시간은 며칠입니까?

우주 탐사선 문제는 그림을 유심히 보니까 그리 어렵지 않아요. 지구에서 어제까지 온 거리와 어제부터 오늘까지 온 거리가 같다는 말이잖아요. 어제는 ㉢별에 있었고 다시 같은 원리로 하면 2일 전에는 ㉣별에 있었네요. 하루 거슬러 갈수록 거리는 절반으로 줄어들어요.

개구리밥 문제는 4일 후에 연못을 가득 채울 것 같아요. 매일 2배씩 늘어난다고 했으니까 1개 심었을 때보다 2개 심었을 때 시간이 절반으로 줄어들지 않을까요?

 우주 탐사선 문제는 맞았어. 지구에서부터의 총 거리가 매일 2배씩 늘어나는 거지.

개구리밥 문제는 틀렸어. 연못의 개구리밥이 매일 2배씩 늘어난다고 했지? 그런데 2개를 심을 경우 연못을 가득 채우는 데 4일이 걸리는 것은 아니란다. 정답을 먼저 말하면 7일이 걸려.

개구리밥이 자라는 것을 표로 만들어 볼까?

시간	1일	2일	3일	4일	5일	6일	7일	8일
개구리밥의 수	1	2	4	8	16	32	64	128

위 표는 개구리밥이 1개 있을 때 그 수가 늘어나는 과정이야. 개구리밥 2개부터는 직접 생각해 보렴. 2개로 시작한다면 겨우 하루가 줄 뿐이란다. 이해할 수 있겠니?

한 가지 질문을 더 해 볼까? 개구리밥이 100일 만에 연못에 가득 찼다면 99일째 되는 날은 연못을 얼마나 채웠을까?

 우주선 문제와 똑같네요. 절반을 채웠겠죠. 위의 표만 봐도 알 수 있어요.

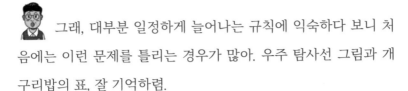 그래, 대부분 일정하게 늘어나는 규칙에 익숙하다 보니 처음에는 이런 문제를 틀리는 경우가 많아. 우주 탐사선 그림과 개구리밥의 표, 잘 기억하렴.

우물 오르기

 이 문제는 아주 유명한 문제야. 한 번쯤 풀어 봤을지도 모르겠구나.

> 10m 깊이의 우물이 있습니다. 바닥에서부터 달팽이가 우물을 오르고 있습니다. 낮에는 3m를 오르고 밤에는 1m를 미끄러져 내려갑니다. 달팽이는 며칠째 되는 날 우물을 빠져나올 수 있을까요?

아빠! 수가 작은데 정확하게 생각이 나지 않을 때에는 표를 그려서 푸는 것이 최고예요. 낮과 밤으로 나누어서 달팽이가 현재 위치한 높이를 하나씩 써 볼게요.

	1일	2일	3일	4일	5일
낮	3m	5m	7m	9m	11m
밤	2m	4m	6m	8m	

5일째 되는 날 우물을 빠져나와요.

시험을 볼 때에는 표를 그려서 풀더라도 평소에 공부할 때에는 원리를 생각하라고 그렇게 일렀건만……. 아빠가 여러 번 얘기했지만 수가 커지면 표를 그려서 해결할 수가 없어. 그러니 표를 그려서 해결하는 것은 한계가 있지. 뭐, 표를 그리는 게 잘못된 방법이라는 건 아니야. 만일 표를 그리더라도 표 안에서 새로운 규칙을 찾고, 더 좋은 방법이 있는지 고민해야 생각하는 힘이 길러진단다.

먼저 문제의 조건을 보자. 낮에는 올라가고 밤에는 내려오기만 했으니 달팽이는 절대로 밤에 우물을 탈출할 수 없어. 그럼 표에서 밤은 지우자. 밤에 미끄러져 내려오는 것은 다만 낮에 올라가는 높이에 영향을 줘서 다른 규칙을 만들어 줄 뿐이야. 3m 올라갔다가 1m 내려갔다가 다시 3m를 올라가니까 결국 2일째부터는 3m를 올라가는 것이 아니라 2m를 올라가는 것이 되지. 다음과 같은 수열이 되는구나.

1일	2일	3일	4일	5일
3m	5m	7m	9m	11m

1일 3m, 다음날부터 2m씩 커지는 거야. 그래서 10m를 넘어가는 지점을 찾으면 되는 거지.

이번에는 표를 만들지 않고 풀어 볼까?

두 번째 날부터 달팽이가 올라가야 할 우물의 높이에서 첫날 올라간 높이를 빼면 $10 - 3 = 7$m

하루에 2m씩 7m를 넘게 올라가야 하는구나. $2 × □$가 7을 넘는 가장 작은 수를 구하면 4. 따라서 첫날 올라가고 4일을 더 올라가야 하니까 5일째 되는 날 우물을 빠져나가게 되겠구나.

양팔 저울과 가짜 금화

 교과 수학을 벗어난 문제이긴 하지만 논리적인 사고가 필요한 재미있는 문제를 하나 풀어 보자.

금화가 9개 있는데 이 중 1개는 눈이나 손으로는 확인할 수 없지만 다른 금화보다 무게가 가벼운 가짜 금화입니다. 가짜 금화를 찾으려면 양팔 저울을 몇 번 사용해야 할까요?

세 번 같아요. 9개의 금화를 똑같이 둘로 나눌 수는 없으니

1개를 일단 제외하고 둘로 나누면 4개. 양팔 저울의 두 접시에 각각 4개를 올리고, 1개는 내려놓아요. 양팔 저울의 균형이 맞으면 내려놓은 것이 가짜 금화이고, 기울어지면 올라간 접시 위의 4개 중 1개가 가짜 금화예요.

4개를 다시 두 접시에 2개씩 올리면 한쪽으로 기울 거예요. 가벼운 접시의 금화 2개를 각각 1개씩 접시 위에 올리면 가짜 금화를 찾을 수 있어요.

이런 문제를 풀 때 자주 하는 착각이 양팔 저울은 금화를 2묶음으로 나누어서 판단할 때만 사용할 수 있다고 생각하는 거야.

대개는 그렇게 사용하지. 하지만 양팔 저울이 한쪽으로 기울어질 경우 두 군데 접시 중 한쪽에 가짜 금화가 있다는 것과 마찬가지로 접시가 균형을 이룬다면 접시 위에 올리지 않은 금화 중에 가짜 금화가 있다는 것을 알 수 있어. 따라서 이 문제는 금화를 세묶음으로 나누어 생각해 보는 것이 핵심이야.

9개의 금화를 3개, 3개, 3개로 나누어 양팔 저울 위에 각각 3개씩 6개를 올리고 나머지 3개는 내려놓는 거야. 이때 양팔 저울이 균형을 이루면 내려놓은 금화 3개 중에 가짜 금화가 있고, 저울이 기울어지면 양쪽 접시 중 한군데에 가짜 금화가 있다는 것을 알수 있어. 그러면 다시 기울어지지 않은 쪽 금화 3개를 1개씩 양쪽 접시에 올려 보는 거야. 이때 한쪽으로 기울어지면 양쪽 접시 위의 금화가, 균형을 이루면 내려놓은 금화가 가짜 금화라는 것을 알게 되지. 따라서 양팔 저울을 두 번만 사용해도 가짜 금화를 무조건 찾을 수 있어.

 우와, 신기하다.

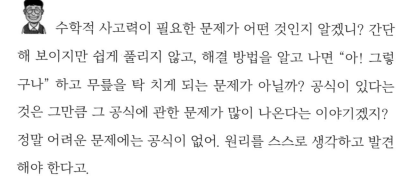 수학적 사고력이 필요한 문제가 어떤 것인지 알겠니? 간단해 보이지만 쉽게 풀리지 않고, 해결 방법을 알고 나면 "아! 그렇구나" 하고 무릎을 탁 치게 되는 문제가 아닐까? 공식이 있다는 것은 그만큼 그 공식에 관한 문제가 많이 나온다는 이야기겠지? 정말 어려운 문제에는 공식이 없어. 원리를 스스로 생각하고 발견해야 한다고.

10

배수 판별법과 구거법

 으아~

 왜 그러니? 뭐가 잘 안 풀려?

수학 문제를 풀다 보니 47880이 2, 3, 4, 5, 6, 7, 8, 9, 10으로 나누어 떨어지는지 계산을 해 봐야 하네요. 큰 수의 나눗셈을 여러 번 하는 건 너무 귀찮아요.

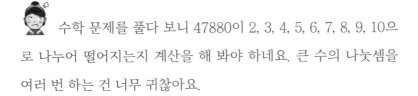 아빠가 좀 도와줄까? 음, 보자. 47880은 2의 배수이고 3, 4, 5, 6, 8, 9, 10도 마찬가지고, 7로만 나누어 보면 되겠다. 47880 ÷ 7 = 6840으로 나누어 떨어지네.

다른 수는 안 나누어 봐요? 7로만 나누어 보고 47880이 나머지 수의 배수라는 걸 어떻게 알 수 있어요?

 다 방법이 있어. 하하

2와 5, 4와 8의 배수 판별법

 비결을 가르쳐 주마. 2의 배수는 어떤 특징이 있지?

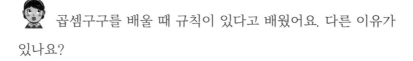 그야 일의 자리 숫자가 짝수이면 2의 배수죠. 0, 2, 4, 6, 8로 끝나는 수가 2의 배수잖아요. 마찬가지로 5의 배수도 일의 자리 숫자만 보면 알 수 있어요. 0이나 5로 끝나는 수는 5의 배수죠.

왜 그런지도 알고 있니?

곱셈구구를 배울 때 규칙이 있다고 배웠어요. 다른 이유가 있나요?

그럼, 이유가 있지. 2 × 5 = 10이기 때문이야. 10이 2의 배수이고 5의 배수이기 때문에 10이 여러 개 모여서 만들어지는 십의 자리 수, 백의 자리 수, 천의 자리 수 등은 모두 2와 5의 배수라는 것을 알 수 있어. 따라서 일의 자리 수만 2나 5의 배수가 된다면 그 수는 2나 5의 배수가 되는 거야.

십의 자리 이상은 모두 2나 5의 배수이니까 일의 자리만 따져 보라는 거죠? 일의 자리가 0이거나 2, 4, 6, 8처럼 2의 배수인 수는 결국 2의 배수이고 일의 자리가 0이거나 5인 수는 5의 배수가 된다는 말이군요. 이해되었어요.

마찬가지로 $4 \times 25 = 100$이라는 사실로 4와 25의 배수 판별법이 만들어진단다.

백의 자리 이상은 4의 배수와 25의 배수가 되는 거네요. 그럼 끝의 두 자리 수가 4의 배수나 25의 배수가 되면 그 수는 4나 25의 배수가 되겠네요. 47880은 $80 \div 4 = 20$이므로 4의 배수란 말씀이군요. 이런 비결이 있다니 재미있어요.

$8 \times 125 = 1000$이기 때문에 8의 배수를 찾기 위해서는 끝의 세 자리를 나누어 보면 돼. 47880에서 $880 \div 8 = 110$이므로 47880이 8의 배수라는 것을 확인할 수 있어.

3과 9의 배수 판별법

 이번에는 3과 9의 배수 판별법을 알아보자. 다음을 봐.

10÷3=3 ··· 1	10÷9=1 ··· 1
100÷3=33 ··· 1	100÷9=11 ··· 1
1000÷3=333 ··· 1	1000÷9=111 ··· 1
10000÷3=3333 ··· 1	10000÷9=1111 ··· 1

 규칙이 있네요.

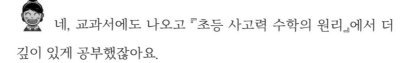 여러 규칙을 발견할 수 있지만 그중 나머지가 1이라는 규칙을 이용하는 거야. 어느 자리에 있던지 숫자 1이 있다면 나머지 1이 생기지. 나눗셈의 두 가지 의미 중에 거듭해서 빼는 나눗셈에 대해 알고 있지?

 네, 교과서에도 나오고 『초등 사고력 수학의 원리』에서 더 깊이 있게 공부했잖아요.

 간단하게 다시 살펴보자.

다섯 개의 필통에 꽂혀 있는 연필을 5자루씩 묶음으로 포장하면 몇 개를 포장할 수 있고 몇 개가 남는지 계산해 보세요.

12자루   3자루   8자루   11자루   15자루

다섯 개의 필통에서 연필을 5자루씩 묶어서 포장하면 남는 연필은 각각 2, 3, 3, 1, 0이에요. 남는 것을 모아서 다시 5자루를 포장하면 9÷5＝1 ⋯ 4이니 남는 연필은 4자루예요.

3과 9의 배수 판별법은 이 문제에 들어 있는 원리를 이용하는 거야.

47880자루의 연필이 있어. 다섯 개의 필통이 있는데 여기에는 각각 40000개, 7000개, 800개, 80개, 0개의 연필이 들어 있어. 10000, 1000, 100, 10, 1은 각각 3으로 나누면 나머지가 1이고, 9로 나누어도 나머지가 1이야. 그러니까 다섯 개의 필통에서 계속해서 3자루와 9자루의 연필을 빼면 4, 7, 8, 8, 0자루의 연필이 남을 것이라는 걸 예상할 수 있어. 물론 3자루의 연필을 더 뺄 수 있

지만 계산하기 편하게 10000, 1000, 100, 10, 1에 곱해져 있는 숫자만큼 남는다고 생각하는 거야.

그럼 다시 남은 연필을 모아서 3과 9로 나누어 보면 돼.

4+7+8+8+0=27이므로 3과 9로 나누었을 때에는 나머지가 없지. 47880은 3과 9의 배수야.

각 자리의 숫자를 더해서 3과 9로 나누면 3으로 나눈 나머지와 9로 나눈 나머지를 알 수 있군요. 나누어 떨어지면 배수라는 것을 알 수 있고요.

6의 배수 판별법

사실 6은 자신만의 배수 판별법이 없어. 2×3=6이니까 2와 3의 배수 판별법을 모두 만족하면 6의 배수라는 사실을 알 수 있거든.

그럼 일의 자리 숫자가 0, 2, 4, 6, 8이면서 각 자리 숫자를 더해서 3의 배수가 되는지 확인하면 되는 거네요.

맞아. 같은 방법으로 12의 배수 판별법이 무엇인지 말해 볼까?

2 × 6 = 12니까 2의 배수가 되면서 6의 배수가 되어야 해요.

 그건 아니야. 6의 배수 판별법에 2의 배수 판별법이 포함되어 있잖아. 네가 얘기한 방식은 6의 배수를 판별하는 방법에 지나지 않아. 2의 배수 판별을 두 번 한다고 해도 그냥 2의 배수일 뿐이고.

 그럼 3 × 4 = 12를 이용해야 하는 건가요?

 바로 그래. 3의 배수 판별법과 4의 배수 판별법은 서로 다른 방법이니 두 판별법이 모두 적용되는 수는 12의 배수라고 할 수 있어.

11의 배수 판별법

 11의 배수 판별법도 있어. 3과 9의 판별법과 유사한 원리지만 조금 독특해.

$$1÷11=0 \cdots 1$$

$$10÷11=0 \cdots 10$$

$$100÷11=9 \cdots 1$$

$$1000÷11=90 \cdots 10$$

$$10000÷11=909 \cdots 1$$

$$100000÷11=9090 \cdots 10$$

나머지가 일의 자리부터 자리를 늘려가면서 1, 10이 계속 반복되네요. 일, 백, 만 자리의 숫자는 더하고, 십, 천, 십만 자리 숫자는 10을 곱해 더해서 11로 나누어 보면 돼요.

잘 생각했지만 더 좋은 방법이 있어. 11로 나눈 나머지가 10이라는 것은 나누어 떨어지는 데 1이 부족한 수라는 뜻이야. 따라서 일, 백, 만 자리의 숫자는 더하고, 십, 천, 십만 자리 숫자는 빼서 나온 수를 11로 나누어 보면 돼.

조금 더 깊이 생각해 볼까? 11로 나눈 나머지를 구해야 한다면 일, 백, 만 자리 숫자의 합에 십, 천, 십만 자리 숫자를 빼야해. 하지만 11의 배수인지 판별만 하고 나머지를 구할 필요가 없다면 홀수 번째 자리 숫자의 합과 짝수 번째 자리 숫자의 합의 차가 0

이 되거나 11의 배수가 되는지 살피면 돼. 십, 천, 십만 자리의 숫자의 합이 더 커서 11이 부족한 수가 되더라도 마찬가지로 11의 배수가 되거든.

구거법

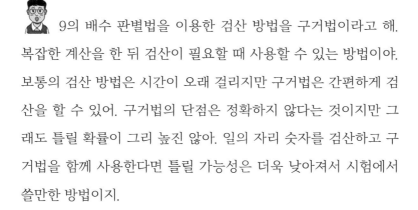 9의 배수 판별법을 이용한 검산 방법을 구거법이라고 해. 복잡한 계산을 한 뒤 검산이 필요할 때 사용할 수 있는 방법이야. 보통의 검산 방법은 시간이 오래 걸리지만 구거법은 간편하게 검산을 할 수 있어. 구거법의 단점은 정확하지 않다는 것이지만 그래도 틀릴 확률이 그리 높진 않아. 일의 자리 숫자를 검산하고 구거법을 함께 사용한다면 틀릴 가능성은 더욱 낮아져서 시험에서 쓸만한 방법이지.

덧셈, 뺄셈, 곱셈을 구거법으로 검산하는 방법을 배워 보자.

구거법의 덧셈 검산

1. 각각 9로 나눈 나머지를 구합니다.

$$
\begin{array}{r}
3572 \\
+\ 1809 \\
\hline
5381
\end{array}
\longrightarrow
\begin{array}{r}
8 \\
+\ 0 \\
\hline
8
\end{array}
$$

2. 구한 나머지를 더한 수를 9로 나눈 나머지와 덧셈의 결과를 9로 나눈 나머지가 같은지 비교합니다.

두 수를 필통 안의 연필이라고 생각하고 두 나머지의 합을 다시 9로 나누어 덧셈의 계산 결과를 9로 나눈 나머지와 같은지 확인합니다.

구거법의 뺄셈 검산

1. 각각 9로 나눈 나머지를 구합니다.

$$
\begin{array}{r}
8624 \\
-\ 5207 \\
\hline
3417
\end{array}
\longrightarrow
\begin{array}{r}
2 \\
-\ 5 \\
\hline
6
\end{array}
$$

2. 구한 나머지를 빼서 식이 성립하는지 확인합니다. 만약 빼는 수가 더 크다면 빼어지는 수에 9를 더하고 뺄셈을 합니다.

구거법의 곱셈 검산

1. 각각 9로 나눈 나머지를 구합니다.

$$
\begin{array}{r}
394 \\
\times\ \ 67 \\
\hline
26398
\end{array}
\qquad\longrightarrow\qquad
\begin{array}{r}
7 \\
\times\ 4 \\
\hline
1
\end{array}
$$

2. 구한 나머지를 곱한 수를 9로 나눈 나머지와 곱셈의 결과를 9로 나눈 나머지가 같은지 비교합니다.

 나눗셈은 구거법을 할 수 없나요?

 나눗셈을 검산할 때는 검산식을 만들어서 곱셈식으로 고친 다음에 구거법을 쓰면 돼. 구거법은 '수를 더하거나 빼거나 곱한 결과를 9로 나눈 나머지'는 '각 수를 9로 나눈 나머지끼리 더하거나 빼거나 곱한 결과를 9로 나눈 나머지'와 똑같다는 규칙을 이용하는 검산 방법이야.

배수 판별법

2와 5의 배수 판별법 : 일의 자리 숫자가 0 또는 2나 5의 배수

4와 25의 배수 판별법 : 끝 두 자리 수가 00 또는 4나 25의 배수

8과 125의 배수 판별법 : 끝 세 자리 수가 000 또는 8이나 125의 배수

3의 배수 판별법 : 각 자리 숫자의 합이 3의 배수

9의 배수 판별법 : 각 자리 숫자의 합이 9의 배수

11의 배수 판별법 : 홀수 번째 자리의 합과 짝수 번째 자리의 합의 차가 0 또는 11의 배수

6의 배수 판별법 : 2의 배수 판별법과 3의 배수 판별법을 모두 만족

12의 배수 판별법 : 3의 배수 판별법과 4의 배수 판별법을 모두 만족

03

공식이 없는 정말
어려운 문제

수학은 숫자, 방정식, 계산 또는 알고리즘이 아닌 이
해에 관한 것이다.

Mathematics is not about numbers, equations,
computations, or algorithms : it is about
understanding.

- 윌리엄 서스턴

01

공식이 없는 정말
어려운 문제

조건은 간단하지만 쉽지 않은 문제

 수학 문제를 풀다보면 어떤 문제인지 파악이 안 될 때가 있어. 속력 문제라면 속력과 거리, 시간의 관계를 따지고, 넓이 문제라면 가로와 세로의 길이를 곱한다던가 하는 보통의 방법들이 있어. 자주 나오는 것은 쉽게 구할 수 있도록 식으로 만들어 놓은 것을 공식이라고 해. 그런데 정말 어려운 문제는 그 동안 풀어오던 방법이나 공식이 적용되지 않는 문제야. 기발한 아이디어가 필요한 경우도 있어. 그런 문제를 살펴보자.

다음 그림은 지름이 AB인 원 모양의 호수를 나타낸 것입니다. 정수는 A 지점에서, 호정이는 B 지점에서 걷기 시작합니다. 호수를 따라 서로를 향해 걸어 A 지점에서 80m 떨어진 C 지점에서 처음 만나고, 다시 B 지점에서 60m 떨어진 D 지점에서 두 번째로 만납니다. 이 호수의 둘레는 몇 m일까요?

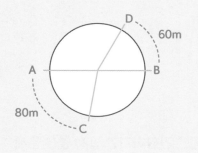

 원 둘레를 구하는 공식을 아직 배우지 않았어요.

원 둘레를 구하는 공식을 몰라도 문제를 풀 수 있어. 원의 둘레는 지름의 길이를 이용해서 구해. 그런데 이 문제에는 지름의 길이가 주어져 있지 않아. 주어진 조건만 이용해서 답을 구해 보자.

처음에 만난 C 지점까지 두 사람이 움직인 거리의 합과 이후 D 지점까지 두 사람이 움직인 거리의 합을 생각해 보렴. 특히 C지점이후 D 지점까지 움직인 거리의 합에 대해서 잘 생각해 봐.

C 지점까지 움직인 거리의 합은 호수 둘레의 절반이네요. 그림에서 두 사람이 움직인 경로를 각각 그려 보면 정수는 C → B → D, 호정이는 C → A → D예요. 아! C 지점까지 움직인 이후 D 지점까지 움직인 거리의 합은 C에서 서로 반대 방향으로 가서 만났으니 이때 두 사람이 움직인 거리는 호수 둘레와 같아요. 음……, 처음에는 호수 둘레의 절반, 두 번째는 호수 둘레만큼 움직였으면 처음보다 두 번째에 각자 2배씩 움직였다는 말이네요. 정수의 경로를 보니 처음에 A → C일 때가 80m이니 C → D는 160m를 움직인 거구요. 그럼 C → B의 거리는 100m예요. 따라서 호수의 둘레는 360m예요. 어렵긴 하지만 재미있는 문제네요.

두 사람이 움직인 경로를 그려 보고 원과의 관계를 찾을 수 있다면 얼마든지 풀 수 있는 문제야. 초등학교 3학년 이상이라면 말이지.

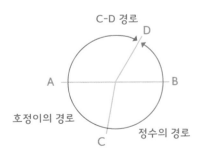

특별한 아이디어가 필요한 문제

 이번에는 문제를 풀기 위해서 특별한 아이디어가 필요한 경우를 살펴보자.

그림과 같이 원의 수직 지름이 오른쪽으로 3cm 이동하고 수평 지름이 위로 2cm 이동할 때 색칠된 영역과 그렇지 않은 영역의 넓이의 차이를 구하시오.

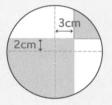

 이것도 원의 넓이를 구하는 공식으로 푸는 문제는 아닌 것 같아요. 어떤 방식으로 접근하면 좋을지 힌트를 주세요.

 차를 구할 때 보통 어떻게 하는지 생각해 보고 이 문제에 적용하는 방법을 찾아봐.

 차는 큰 것에서 작은 것을 빼서 구하죠. 이 문제는 그런 방법으로 넓이를 바로 구할 수 없을 것 같은데……. 큰 것에서 작은 것을 어떻게 뺀담……

넓이를 바로 구할 수 없다면 영역을 나타내는 도형 자체를 비교해 봐야겠네요. 색칠된 영역과 색칠되지 않은 영역에서 같은 모양을 그려서 빼 봐야겠어요.

색칠되지 않은 두 영역의 모양을 색칠된 영역에 똑같이 만들기 위해서 아래와 같이 반대쪽에 같은 그림을 그리는 방법이 있겠네요. 그런데 두 개의 작은 영역이 ㉠에서 겹쳐요. 그럼 ㉠은 두 번 빼게 되는데 마침 색칠된 영역 ㉡이 있네요. 됐다.

큰 영역 위에 작은 영역을 두 개 그렸더니 ㉠이 겹쳤는데 ㉠부분은 한 번 빼고, 또 한 번은 ㉡에서 빼면 가운데 직사각형만 남아요. 다시 말해 가운데 직사각형이 주어진 그림의

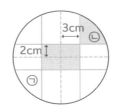

색칠된 영역과 그렇지 않은 영역의 넓이의 차라는 말이네요. 따라서 넓이의 차는 24cm^{2}에요.

힌트가 필요하긴 했지만 이렇게 생각하며 답을 찾아가는 과정이 수학의 참 재미란다. 그림 자체를 직접 비교하여 차를 구한다는 아이디어는 도형이니까 충분히 해 볼 만한 방법이야.

반대로 문제를 푸는 방법을 배우고 그것을 적용하는 것 위주로 공부하면 이렇게 낯선 문제를 마주쳤을 때 당황하고 어려워하게 된단다.

한 문제 더 보도록 하자.

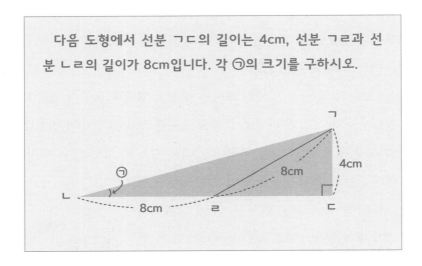

다음 도형에서 선분 ㄱㄷ의 길이는 4cm, 선분 ㄱㄹ과 선분 ㄴㄹ의 길이가 8cm입니다. 각 ㉠의 크기를 구하시오.

이 문제를 풀기 전에 도형의 성질을 확인해 볼까? 정삼각형과 이등변삼각형의 성질은 무엇이지?

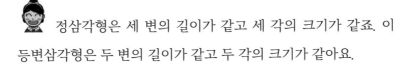 정삼각형은 세 변의 길이가 같고 세 각의 크기가 같죠. 이등변삼각형은 두 변의 길이가 같고 두 각의 크기가 같아요.

정삼각형의 성질

① 세 변의 길이가 모두 같다.

② 세 각의 크기가 모두 같다.

③ 세 각의 크기의 합이 180°이다.

　따라서 세 각은 모두 60°이다.

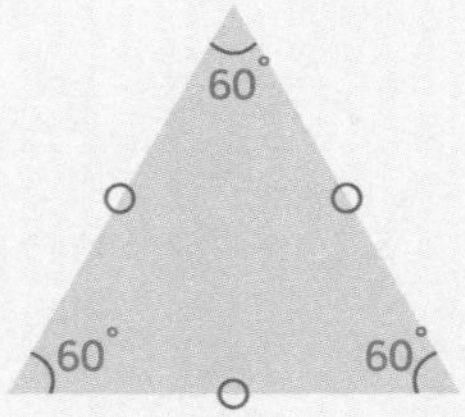

이등변삼각형의 성질

① 두 변의 길이가 같다.

② 두 밑각의 크기가 같다.

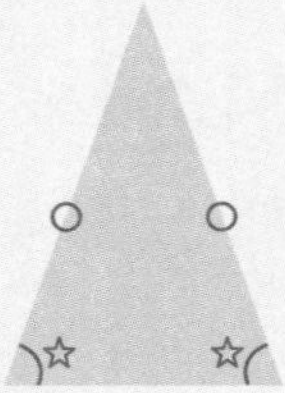

그럼 문제의 그림에서 정삼각형과 이등변삼각형을 찾을 수 있겠니?

이등변삼각형은 찾았어요. 선분 ㄱㄹ과 선분 ㄴㄹ의 길이가 8cm로 같다고 했으니 삼각형 ㄱㄴㄹ은 이등변삼각형이네요. 그래서 다음 그림과 같이 두 각의 크기가 모두 ㉠으로 같다는 것을 알 수 있어요. 하지만 정삼각형은 보이지 않는걸요.

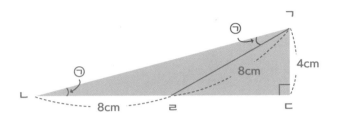

삼각형 ㄱㄹㄷ을 보면 직각삼각형인데 변의 길이가 8cm와 4cm로 2배인 관계지. 아래 그림처럼 생각하면 삼각형 ㄱㄹㄷ이 정삼각형을 절반으로 자른 삼각형이라는 것을 알 수 있단다.

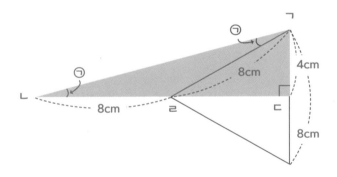

따라서 각 ㄱㄹㄷ이 60°의 절반인 30°, 각 ㄴㄹㄱ은 150°, 삼각형 ㄱㄴㄹ의 세 각의 합이 180°이므로 각 ㄴㄹㄱ을 제외한 ㉠ 2개의 크기가 30°라는 것을 알 수 있어. 따라서 ㉠은 15°겠지.

넓이를 이등분하는 직선

 다음 도형 2개의 넓이를 반으로 나누는 선을 각각 그려 보겠니?

 이 정도는 쉽죠.

 원의 넓이를 반으로 자르는 선은 몇 개가 있을까?

 셀 수 없이 많죠.

 직사각형의 넓이를 반으로 자르는 선은 몇 개가 있을까?

 세로, 가로, 대각선 2개로 총 4개요.

그건 착각이야. 직사각형도 넓이를 반으로 나누는 선이 셀 수 없이 많이 있단다. 직사각형의 두 대각선이 만나는 점인 직사각형의 가운데만 지난다면 어떤 직선이든지 직사각형의 넓이를 둘로 나누게 돼.

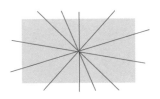

 그림을 보니까 이해가 되네요.

 직선을 딱 1개만 그려서 다음 그림의 넓이를 둘로 나누어 봐.

정답은 186쪽을 참고하세요.

 딱 1개만 그려요?

아! 알았다. 원의 중심을 지나면서 직사각형의 가운데를 동시에 지나는 선을 그리면 되잖아요.

맞아. 그럼 다음 그림에서 색칠된 부분의 넓이를 반으로 자르는 직선을 그려 봐.

정답은 187쪽을 참고하세요.

 음……. 이것도 큰 직사각형의 가운데와 원의 가운데를 지나는 선을 그려야 할 것 같은 느낌인데 왜 그렇게 되는지는 잘 모르겠어요.

 하하. 맞았어. 도형 문제의 해결 방법을 잘 찍는걸? 앞에서 같은 방법으로 계속 선을 그렸으니 그렇게 생각한 모양이구나. 큰 직사각형의 가운데를 지나도록 선을 그리면 직사각형의 넓이가 둘로 나뉘지? 그런데 원의 중심을 지나면 직사각형에 난 구멍도 둘로 나누어 진단다. 직사각형이 둘로 나누어진 넓이에서 똑같은 넓이만큼이 빠지는 거지.

 그렇네요.

자, 이제 같은 그림을 세 가지 방법으로 넓이가 같도록 나누어 봐. 방법은 앞에서 다 배웠어.

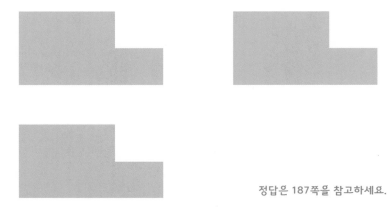

정답은 187쪽을 참고하세요.

이번에는 재미있는 색종이 접기 문제를 내 줄게. 색종이를 접어서 넓이가 반이 되도록 만드는 거야. 아래와 같은 도형을 만들어야 해. 색종이를 접는 방법을 찾아봐.

1. **직사각형**
2. **직각이등변삼각형**
3. **직각이등변삼각형이 아닌 이등변삼각형**
4. **직사각형이 아닌 평행사변형**
5. **정사각형**
6. **오각형**

직사각형은 엄청 쉽네요.

 맞아. 쉬운 것도 있고 생각을 충분히 해야 하는 것도 있어. 생각하는 방법을 가르쳐 줄게. 색종이를 절반으로 나누고 나누어진 각 모양을 절반으로 자르면 남은 모양은 전체의 반이 돼.

정답은 188쪽을 참고하세요.

185

정답

99쪽

교점 0개

교점 1개

불가능

교점 2개

교점 3개

교점 4개

교점 5개

교점 6개

182쪽

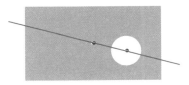

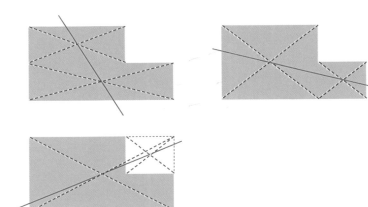

2. 직각이등변삼각형

3. 직각이등변삼각형이
아닌 이등변삼각형

4. 직사각형이 아닌 평행사변형

5. 정사각형

6. 오각형

그 많은 문제를 풀고도 몰랐던

2판 1쇄 발행 | 2022년 1월 1일

지은이 | 천종현
표지 디자인 | 박영정
내지 디자인 | 오윤희
삽화 | 오준석
교정 및 교열 | 이미정
영업 | 김종렬

펴낸곳 | 천종현수학연구소
전화 | (031) 745 8675
팩스 | (02) 400 8675
이메일 | 1000_math@naver.com

값 | 12,000원
ISBN | 979-11-6012-099-8 64410